너에게 들려주는
우리 이야기

너에게 들려주는
우리 이야기

발행일	2022년 10월 25일

지은이	조도영		
펴낸이	손형국		
펴낸곳	(주)북랩		
편집인	선일영	편집	정두철, 배진용, 김현아, 장하영, 류휘석
디자인	이현수, 김민하, 김영주, 안유경	제작	박기성, 황동현, 구성우, 권태련
마케팅	김회란, 박진관		
출판등록	2004. 12. 1(제2012-000051호)		
주소	서울특별시 금천구 가산디지털 1로 168, 우림라이온스밸리 B동 B113~114호, C동 B101호		
홈페이지	www.book.co.kr		
전화번호	(02)2026-5777	팩스	(02)2026-5747

ISBN	979-11-6836-536-0 03980 (종이책)	979-11-6836-537-7 05980 (전자책)

(주)북랩 성공출판의 파트너

북랩 홈페이지와 패밀리 사이트에서 다양한 출판 솔루션을 만나 보세요!

홈페이지 book.co.kr • **블로그** blog.naver.com/essaybook • **출판문의** book@book.co.kr

작가 연락처 문의 ▸ ask.book.co.kr

작가 연락처는 개인정보이므로 북랩에서 알려드릴 수 없습니다.

너에게 들려주는
우리 이야기

전문 스토리텔러가 들려주는 충청도의 볼거리 명소

조도영 지음

역사와 문화가 살아 숨 쉬는 우리 마음의 고향
그 속에 담긴 우리네 이야기와 삶의 모습들

북랩

본 도서는 충청남도와 충남문화재단의
후원으로 발간되었습니다.

 충청남도　　　 충남문화재단

너에게 들려주는 우리 이야기

글을 쓰기 위해서는 일단 큰 주제나 제목을 정해야 하고, 그다음으로는 관련 주제에 배열할 소재가 필요하다. 책을 쓰는 것은 물론이고, 대학 합격 또는 회사에 입사하기 위해 자기소개서를 쓸 때도 거의 비슷한 글쓰기 과정이 필요할 것이다.

그럼 소재를 찾는 방법은 무엇일까? 그것은 내가 잘 아는 것, 나와 가까운 곳에 있는 것이어야 한다. 그 가운데 더 강조하고 싶거나 더 끌고 가고 싶은 소재에 대해 세심하게 관찰하고 다시 더 구체적으로 떠올려보는 것이 중요하다.

그 당시에 발생한 사건이나 본인의 감정 등을 메모해놓은 것이 있다면 다시 떠올리는 과정에서 그때의 감정, 대화, 내가 가지고 있던 생각 등을 회상하기 좋을 것이다. 그래서 우리는 초등학교에서 이런 연습의 한 방법으로 일기 쓰기라는 숙제를 많이 했다.

특히 수필의 경우 글을 쓰게 되는 발상(發想)이 매우 중요한데, 이를 위해서는 그동안의 삶의 경험 중 창작으로 이어질 동기 또는 사건이 필요하다.

이때 많은 고민보다는 직관적으로 떠오르는 충격이나 번득임 또는 관찰이 문제를 해결해주는 경우가 많다. 이는 물론 문학·예술에서 많이 있는 현상이며, 이것이 평온한 일상을 변화시킨다.

이 책의 제목『너에게 들려주는 우리 이야기 — 전문 스토리텔러가 들려주는 충청도의 볼거리 명소』역시 '충남학 강사'와 '충남도 문화재전문위원', '충남도서관 전문 스토리텔러'로 활동하는 과정에서 충남의 여러 멋진 장소를 이야기해보고 싶었던 마음과, 달천강과 목계나루를 중심으로 하는 고향 충주에 대하여 기회가 된다면 언젠가 글로 써보리라는 생각을 실행으로 옮긴 것이다.

말과 글보다 영상으로 소통하는 일이 많은 요즘 세대(너)에게 가끔 생각한다. 언제가 너희들이 창의적인 그 무엇인가를 찾을 때, 너희가 살아가는 그곳에 있는 이야기부터 다시 고민하고 그곳에서 답을 찾으면 어떨까.

하지만 그것을 처음부터 연구하고 공부한다는 것이 얼마나 힘든 일인지 알기에 내가 아는 범위 안에서 정리한 우리 이야기를 해주고 싶다.

이런 생각을 반증이라도 하는 것처럼, 얼마 전 하버드 의대 재학생이 의대 대신 뮤지컬을 선택했고, 그것이 '심청전'으로 재창작되는 엄청난 일을 해냈으며, 전 세계 반응이 뜨겁다는 기사를 보았다.

그녀는 디즈니에 한국 캐릭터가 없다는 점을 알고 중독성이 최고인 심청전을 읽고 아이디어를 얻었다고 한다.

하지만 이번 글이 그에 대한 답이 될 수 있을지는 잘 모르겠다. 다만 우리가 사는 이곳 충청도의 이야기 속에는 정말 너무 많은 삶의 이야기가 있고, 이것을 어떻게 해석하느냐에 따라 다양하고 새로운 문화·예술적 가치 창출이 될 수 있는 씨앗이 될 수 있을 것이다.

이번 글을 수필의 범주로 두고 싶은 이유를 말하고 싶다. 김광섭 작가의 『수필의 소고』에는 "수필은 붓 가는 대로 씌어진다"라는 말이 있다.

이번 이야기들은 오랜 시간 동안 지역에서 내려오는 내용이라 지역성을 담고 있는 주제들이다. 하지만 객관적인 역사적 기준을 제시하기에는 어려움이 많은 내용도 있기에 제공된 사실을 찾아 다시 정리하고 그것에 더해 작가의 생각을 아는 범위 안에서 쓰려고 노력했다.

마지막으로 우리 이야기가 녹아 있는 책과 그림, 고건축, 산, 강, 바다, 그리고 너의 곁에 있는 사람이 아닌 스마트 기기에 매몰되어가는 너에게 다시 문화와 예술, 그리고 삶의 여유를 만날 기회가 되기를 희망해본다.

2022년 가을
조도영

1	**2**	
	3	

1 미래 예언 모습 - 인간은 스마트 기기에 매몰, 로봇은 문화·여가 활동(출처: 페이스북)

2 자료사진 ⓒCourtesy of MiJin - Instagram@mjtotoro(출처: 허핑턴포스트코리아)

3 충남학 문화유적 답사 프로그램 사례(논산 명재고택)

 1장

융합 가치가 모인
천안삼거리 이야기

1.

천안삼거리가 가지는 융합의 가치

이번 글은 2021년 '천안향토연구사(천안삼거리의 지리적 특징이 만들어낸 융복합 이야기)'와 2022년 '홍 컨퍼런스(천안삼거리 이야기 속의 문화예술 융복합 사례)'에 기고한 글을 바탕으로 일부 내용을 재구성하였다.

주위에서 관련 내용을 읽어보시고, 정식으로 출간되면 좋을 것 같다는 동기부여를 주셨기에 지면을 통해 심심한 감사를 드린다.

'천안삼거리'의 「능소와 박현수 이야기」는 나에게 아주 특별한 의미가 있다. 그곳은 내가 '주말행복배움터(천안시 지원) 강사'로서 천안박물관, 홍대용과학관 등과 함께 지역의 아이들과 자주 찾으며 인연이 시작된 곳이다.

이후 '능소의 사랑 이야기'를 통해 동화작가로 등단도 하고, 첫 동화책을 출간(충남문화재단 지원)하는 경험도 했다. 그리고 2021년에는 관련 내용을 모티브로 드라마 대본을 쓰는 공모 사업(충남정보문화산업진흥원 지원: 능수버들에 기도하면 그님이 오시려나)까지 정말 다양한 경험을 할 수 있게 해주었다. 그러다 보니 '천안삼거리'에 대한 많은 정보를 접하면서 다양한 가치 부여를 해보게 되었다.

이 글을 읽는 독자들, 특히 젊은 독자들도 우리가 사는 지역을 기반으로 한 다양한 콘텐츠 개발을 해볼 기회가 온다면 참고가 되었으면 좋겠다. 앞에서도 이야기했지만 자기만의 차별화된 주제를 찾는 방법 중 가장 쉬운 방법이 내가 살면서 경험해본 것에서 출발하는 것이기 때문이다.

천안의 경우 지역을 대표하는 12곳을 천안 12경이라 명명하고 있다. 그중 1경이 바로 '천안삼거리'로, 천안을 가장 함축적으로 표현해주기 때문에 1경으로 정했을 것이다.

하지만 정작 현재의 천안삼거리는 오래된 전통이나 그 나름의 특색을 찾기 어려운, 아주 넓은 공원 정도로 인식되고 있다. 그러면서 1년에 몇 번 지역의 큰 행사가 이곳에서 상징적으로 치러지고 있는 것이 현실이다.

몇 년 전부터 '천안삼거리 명품화 사업'이라는 것을 진행하고 있는 것으로 볼 때, 천안시 역시 이런 것을 잘 알고 있는 것 같다. 현재 관련 공사가 진행 중이니 조만간 새롭게 변화된 천안삼거리를 볼 수 있을 듯하다.

하지만 조금 더 관심과 애정을 가지고 천안삼거리를 살펴보면, 이곳이야말로 융합의 산실이고 새로운 창조가 싹트던 곳은 아닐까 한다.

최근 4차 산업혁명 시대를 이야기하면서 '플랫폼(platform)'이란 단어가 다시 주목받는다.

'그 옛날 역에서 기차를 타고 내리는 곳'이나 '온라인에서 생산·소비·유통이 이루어지는 장'의 시작점이 바로 사람이 모였다 흩어지며, 많은 것이 공유되고 새로운 것으로 파생되는 모습이다. 이것이 천안삼거리의 옛날 교차점으로의 역할이나 기능적 모습과 같지 않나 싶다.

그것은 천안삼거리에 내려오는 「박현수와 능소의 사랑 전설」 이야기가 유명 장소가 가질 수 있는 핵심 요소를 모두 포함하고 있기 때문이기도 하다. 더 나아가 전국에서 몇 안 되는, 그 지역명을 가진 노래인 '천안삼거리' 민요를 가지고 있다는 것 역시 지역적 가치를 의미하는 것이다.

그중 「박현수와 능소의 사랑 전설」은 아주 다양한 형태로 전개되며 그 근본에는 '융합'이라는 의미가 담겨 있다.

1 천안삼거리 명품화 설계 당선작(천안시청 홈페이지 제공)
2 1976년 천안삼거리 모습(황헌만 사진: 경향신문 2005. 12. 26.)

2.

천안의 지리·역사적 의미

천안은 직산과 목천, 탕정의 일부 지역으로 고려 태조 13년에 '천안도독부'가 설치되면서 탄생하였다. 천안은 삼국의 중심('삼국의 중심'이란 표현을 교통의 중심으로 해석할 수도 있지만, 다른 한편으로는 삼국 사이의 접경 지역에 해당하는 중요한 요충지로서 경계선의 중앙에 위치한 곳이라는 해석도 가능하며, 실제로 천안을 둘러싸고 삼국 간의 쟁탈전이 격렬하게 전개되었기 때문)이요 아주 중요한 요충지였다.

『고려사』「언전」에 의하면 술사(術士) 예방이 태조에게 아뢰기를 "이곳은 삼국의 중심부에 해당하며 오룡쟁주(五龍爭珠: 다섯 마리 용이 여의주를 두고 서로 다툰다는 뜻으로, 기세가 막

상막하인 강자들이 서로 겨루는 형세, 또는 치열한 승부의 현장을 가리키는 말)의 형국이며 만약 삼천 민호를 정주케 하고 이 땅에서 군사 훈련을 한다면 백제는 싸우지 않고 스스로 항복해올 것입니다"라고 했다고 전한다(『동국여지승람』, 형승조).

이 말을 듣고 태조가 친히 왕자산(王字山)에 올라 쟁주지 형임을 확인한 후에 민호를 옮겨 천안도독부를 설치하였다는 것이다. 왕자산은 유량동의 마을 뒤와 천안향교의 오른쪽에 있는 산으로, 천안삼거리 쪽에서 바라보면 산골짜기의 패인 모양이 '王字'와 같은 모양이라 붙여졌다(오세창, 『천안의 옛 지명』, 천안문화원, 1989).

현재도 태조 왕건이 올라가 지세를 살폈던 산을 '태조산(太祖山)'이라고 부르고 있다. 그리고 태조산 주변에는 태조가 지형을 친히 확인하고 쉬어 갔다는 유려왕사, 유왕골 등의 지명이 있다.

유려왕사는 상명대학교 남쪽 언덕 아래쪽 지역으로, 현재 남아 있는 자취가 없다. 1961년 작은 석탑이 발굴되었는데, 탑은 천안삼거리 공원에 옮겨져 있다(오세창, 『천안의 옛 지명』, 천안문화원, 1989).

태조는 천안도독부를 설치하여 삼국통일의 기치(旗幟: 일정한 목적을 위하여 내세우는 태도나 주장)를 내건 후 연전연승하였으며, 결국 경순왕과 견훤의 투항을 받았다. 예방이 천안 고을을 형성하면 삼국통일을 할 수 있다는 말이 적중한 것이다.

『영성지(寧城誌)』에는 "본래 동도솔과 서도솔의 땅을 고려 태조 13년에 합하여 천안부를 만들고 도독을 두었다"라고 기록되어 있고, 주에는 "이첨의 문집을 살펴보니 왕씨의 시조(왕건)가 예방의 말을 들어 탕정과 대목과 사산 등지를 나누어 천안부를 설치하였다는 말이 바로 고려 태조가 동서 도솔을 합하여 천안부를 설치하였다는 내용과 일치하는 것이 아닌가 한다"라는 해설이 있다.

우리가 아는 '천안(天安)'이라는 지명은 '천하대안(天下大安)'의 준말로, '하늘 아래 가장 살기 좋은 고을'이라는 뜻에 앞서 치열한 삼국통일의 역사가 담겨 있다는 것 역시 생각해 볼 의미가 있다.

이는 이후 천안이 삼남(三南: 충청도, 전라도, 경상도 세 지방을 통틀어 이르는 말)의 관문이라서 천안을 보면 삼남의 형편을 알 수 있었다는 말로 이어진다. 이에 따라 '천안이 편해야 나라가 편하다'라는 말도 생겨났다.

3.

천안삼거리와 능수버들의 연관성

능수버들은 우리나라의 대표적인 버드나무류 나무다. 천안삼거리 공원을 중심으로 천안 시내길 곳곳에 가로수로 가꾸고 있다.

전국적으로 능수버들이라면 천안삼거리로 알려져 있다. 버드나무는 물과 가까운 곳에 산다. 버드나무는 냇물가, 우물가, 삼거리 어느 곳에서나 여유롭게 자라는 나무다.

능수버들을 비유하여 아름다운 여인을 두고 버들잎 같은 눈썹, 버들가지같이 가는 허리, 또 길고 윤이 나는 머리카락을 버들 류(柳) 자를 써 유발이라고 하기도 한다.

세계적으로도 교통이 발달한 곳에는 능수 버드나무가 많

이 번식하고 있다고 한다. 능수버들은 상서로운 좋은 나무라 하여 길손들의 액운, 나쁜 운을 없애주는 나무로 전승됐다.

절류지(折柳枝)라 하여 버드나무를 꺾어 길 떠나는 남녀가 길손에게 주었다. 능수버들은 대기 오염에 강한 것은 물론이요, 대기 중의 오염물질을 흡착하여 대기를 깨끗하게 하므로 환경 가로수로 아주 좋은 나무다.

천안삼거리의 능수버들 나무도 여기에서 유래되었을 것으로 생각된다. 능수버들이 연못가에 늘어져 바람결에 물결을 일으키는 정서는 평화로움의 극치다.

버드나무는 여유와 평화, 곧 평안을 느끼게 한다. 흥이 있고 기쁨이 있고 낭만이 있다. 버드나무는 절대(꼭)가 없다. 융통성과 넉넉함이 있다. 규격이나 틀에 박힌 경직된 모습이 아니라 평안함 속에 정감이 물씬 풍긴다.

넉넉하고 기름진 능수버들 나무에는 창조성이 있다. 경직되고 메마른 땅에는 생명이 번성할 수 없다. 능수버들은 어느 곳에 옮겨 심어도 환경에 잘 적응하여 뿌리를 내리고 잘 자란다.

버드나무류는 세계적으로 약 200종, 우리나라에는 약 50종 정도가 있다고 한다. 그중 천안삼거리 능수버들이 우리

나라의 대표적인 버드나무다. 천안삼거리와 인연이 되어 능수버들은 '천안삼거리 능수버들'이 되었다. 이런 능수버들은 충남의 나무이며, 천안의 브랜드이다. 이는 충남과 천안의 정체성을 상징하는 나무로도 해석될 수 있다.

앞에서 언급했던 버드나무의 학문적 접근과 천안삼거리 속에 등장하는 능수버들의 등장 배경을 조금 더 추론해보고자 한다.

그 많은 주막과 그곳을 이용하는 사람들, 그리고 역참 등의 말과 관원들 등이 사용할 물의 양이 적지 않았을 것이다. 천안을 자세히 보면 큰 강이 없다. 모두 청주 쪽이나 안성, 아산 쪽으로 흘러가는 높이에 자리하고 있다.

이런 지리적 위치임에도 불구하고 천안삼거리 인근에는 많은 사람이 사용할 물이 충분히 조달되었다는 것을 추측할 수 있다. 또 이 물은 식용으로 잘 관리될 필요가 있었을 것이다.

그런 측면에서 앞의 버드나무가 오염물질을 흡착하고 환경을 유지해줄 수 있다는 정보는 천안삼거리에 관련 능수버들 나무의 필요성과 매우 연관성이 높았을 것이라는 결론을 도출할 수 있다.

<table>
<tr><td>1</td></tr>
<tr><td>2</td></tr>
</table>

1 천안삼거리 능수버들 모습(천안시청 홈페이지)
2 태조 왕건과 장화왕후 오씨 이야기 속 버드나무(출처: 위키백과)

4.
천안삼거리에 얽힌 이야기들

천안삼거리에 내려오는 이야기

천안삼거리 이야기를 동화책과 드라마 대본으로 작업하면서 느낀 것은, 관련 이야기가 '능소'라는 여성 중심 구비문학이라는 점이다. 이는 춘향전이나 심청전, 콩쥐팥쥐 등 많은 전래동화의 주인공이 여성인 점과 일맥상통한다.

그리고 후대로 구전되면서 이야기가 순화되고 단순한 남녀 간의 사랑을 넘어 인류애적 사랑을 담는 질적 성장이 이루어지고 있다는 것을 알 수 있다. 이 역시 다른 전래동화에서도 볼 수 있는 특징들이라 할 것이다.

여러 형태의 천안삼거리 이야기 중 주막을 중심으로 성인들 사이에 만들어진 이야기는 그 실체가 남아있지 않아 구체적 내용은 몰라도 '변강쇠전'이나 '이춘풍전'과 같이 농염한 이야기도 있었을 듯하다. 하지만 현재 내려오는 이야기는 이런 이야기보다는 부녀의 사랑과 남녀 간의 의리(사랑)를 넘어 혈연관계도 아닌 천안삼거리 주막의 주모가 능소를 훌륭하게 키우는 인류애적 사랑이 핵심이 되는 모습으로 전개된 것을 알 수 있다.

(1) '능소'가 중심인 여성 주인공 중심 이야기

이번 글을 통해 천안삼거리에서 내려오는 이야기를 더 새로운 측면에서 살펴보고자 한다. 이는 문헌적 고찰보다는 관련 자료를 모으고 아동 동화로 재창작하는 과정을 진행하면서 느끼고 생각한 바를 정리한 것이라 글을 읽는 독자들과 새로운 소통으로 이해해 주었으면 한다.

먼저 기존 많은 선행 연구에서는 '박현수와 능소의 사랑 전설'로 많이 소개하고 있다. 이는 남성 중심의 제목 정리가 아닌가 싶다. 기존에 전해 내려오는 많은 이야기 중 주인공인 '능소'가 없는 예는 없지만, '박현수'가 없이 능소와 아버지 유봉서만을 담는 이야기가 있는 것을 볼 때, 모든 이야기의 주인공은 여성인 '능소'라는 것을 추론할 수 있다.

이는 춘향전, 심청전의 느낌이 강한 이야기라는 것을 아는 순간 더욱 확신을 얻을 수 있다.

그렇기에 박현수와 능소만의 이야기를 평가한다면 춘향전과 비슷한 연애사를 담는 이야기지만 이번 이야기는 아버지와 딸의 사랑도 담고 있어 심청전을 떠올리기에도 충분하다. 그래서 이야기 속에는 확장성과 융합이 이루어진 것을 알 수 있다.

(2) 인류애적 사랑을 담은 이야기

'능소의 사랑 이야기'는 아버지와 딸의 부녀간 사랑, 능소와 박현수의 남녀 간 사랑(부부의 사랑)을 넘어 '주모'라는 키워준 사람에 대한 초월적 사랑이 더 핵심 주제다.

긴 역사 속에 우리나라는 크고 작은 어려움이 참 많았다. 그럴 때마다 나와 가정을 지키는 사랑도 중요하지만, 우리라는 공동체를 지키는 큰 사랑. 이는 바로 '인류애'라는 초월적 사랑이 아니었을까?

그런데 이런 부분에 대하여 얼마 전 페이스북을 보면서 다시 한번 생각해볼 기회가 있었다. 고 이건희 삼성그룹 회장님께서 직원들을 대상으로 한 교육 동영상에서 삼성이 향후 초일류기업으로 가기 위해서는 인류애를 가져야 한다는 내용이었다. 이것을 보면서 나는 동화책을 쓰면서 약한 대상인 능소가 살아남기 위해 주모의 조건 없는 사랑이 필요했던 것에서 인류애적인 사랑이 필요하다는 결론에 도달했는데, 이건희 회장님은 어떤 동기 또는 지식의 습득 과정에서 인류애라는 결론에 도달하셨는지 매우 궁금했다.

오늘날 친척이나 이웃사촌의 개념이 많이 퇴색되어가는 듯하여 젊은 층에는 설득력이 약할 수 있을지 모른다. 하지만 나와 내 가족이 극복할 수 없는 어려움이 닥쳤을 때, 그때는 다른 이의 도움과 사랑만이 다시 살아갈 수 있는 원동력이 될 수 있다.

능소는 이런 간절함을 담아 부처님이나 산신령이 아닌 아버지가 꽂아놓은 능수버들 나무에 기도하고 의지하며, 주모 아주머니와 삶을 개척해나간다. 이런 이야기가 지금은 극적으로 느껴지지만, 이는 남의 이야기가 아닌 바로 우리 할머니, 할아버지의 이야기였을 것이다.

이야기는 삼남대로의 교차점인 '천안삼거리'에 어울리게 주인공들의 고향도 경상도와 전라도, 충청도 등 다양하다. 우리가 알고 있는 많은 옛날이야기가 교훈을 바탕으로 하기에 이야기가 내려오면서 더 윤리적이고 바른 삶의 방향으로 귀결된다는 것을 볼 때, '능소의 사랑 이야기' 역시 사랑의 확장성이 매우 넓은 이야기라고 할 수 있다.

(3) 천안삼거리에 내려오는 이야기의 대표성

'천안삼거리'를 방문하면 대표적으로 보이는 것이 능수버들 나무들, 그리고 능소와 박현수 이야기를 전시한 인형들이다. 또한 천안삼거리에 대한 안내 간판도 있어 이곳에 대한 유래를 알 수 있다.

하지만 이곳에 내려오는 옛날이야기는 여러 변형된 사례가 있기에 그 대표성을 찾기는 쉽지 않다. 따라서 여기에서는 천안시청 홈페이지에 등록된 이야기를 그 기본 자료로 제시해본다.

'천안삼거리'는 능수버들 가락이 늘어지는 흥타령이 유명하여 한편으로 매우 풍류가 어린 곳으로 여겨질 법도 하다. 하지만, 사람들이 교차하는 곳에는 언제나 사람들이 스쳐 가는 만남과 이별이 애달프게 서려 있기 마련이니 천안삼거리에 관한 이야기들도 예외가 아니다. 대표적인 이야기들은 다 능수버들과 관련된 것인데 하나는 충청도에서 살던 유봉서라는 홀아비와 어린 딸의 이야기다.

아비가 변방에 수자리(국경을 지키던 일, 또는 그런 병사)를 가게 되어, 하는 수 없이 어린 능소를 삼거리 주막에 맡기고 가면서 버들가지를 하나 꽂고 갔다. 오랜 세월이 지나 돌아와 보니 버드나무가 자라 아름드리나무가 되어 있고 그 아래 아리따운 처녀가 된 능소가 기다리고 있어 부녀는 감격의 상봉을 했다는 이야기이다. 그때부터 '능수버들'이라는 이름이 생겨났다고 한다.

다른 하나는 한 젊은 선비와 삼거리 주막의 기생 이야기
이다. 전라도 고부(현재 정읍) 땅에서 과거를 보러 올라가던
선비 박현수가 삼거리 주막에서 하룻밤을 묵게 되었다.

밤이 되어 잠을 청하는데 어디선가 청아한 가야금 소리
가 들려왔다. 소리를 따라가 보니 능소라는 어여쁜 기생이
가야금을 타고 있었다. 하룻밤에 백년가약을 맺은 박현수는
과거에 장원급제하여 돌아왔고, 흥이 난 능소가 가야금을 타
며 "천안삼거리 흥~ 능수나버들아 흥~" 하며 흥타령을 읊조
렸다는 것이다.

또한 아비와 능소가, 선비 박현수와 기생 능소가 끝내 만
나지 못하고 능소가 기다림에 지쳐 쓰러진 자리에 자라난 것
이 능수버들이라는 식의 이야기가 전하기도 한다.

이는 어떻게 보면 각기 다른 3가지 이야기처럼 보일 수도
있지만, 어느 부분에서는 공통된 영역이 많아 하나의 이야기
가 새롭게 창작되어 후대에 전승되는 것으로 보인다.

천안삼거리에 내려오는 다섯 가지 이야기

앞에서 천안시청의 홈페이지를 통해 천안삼거리에 내려오는 3가지 이야기를 살펴보았다. 하지만 제시된 3가지 이야기 이외에 더 다양한 이야기들이 있고, 이 역시 순화된 이야기 중심으로 전개된 것으로 보인다.

이야기는 능수버들과 민요의 유래담, 또는 설화로 조선 후기를 배경으로 한다. 「천안삼거리」는 민요 '천안 흥타령'의 유래에 관한 전설이다.

박 선비와 능소의 이야기, 부녀 혹은 부자의 이야기, 형제 이야기 등 여러 종류가 전한다. 여러 성격의 주체들이 천안삼거리에서 이별했다가 재회하면서 불렀다는 노래가 '천안 흥타령'이다.

그동안의 채록(필요한 자료를 찾아 모아서 적거나 녹음함. 또는 그런 기록이나 녹음) 및 수집 상황을 보면 '천안삼거리'는 1979년 한국 정신문화 연구원에서 발간한 『한국구비문학대계』에도 수록되었다.

또 1991년 상명대학교 구비문학 연구회에서 조사하여 보고하였으며, 홍윤표 교수가 2010년 천안시에서 발표하여 자

세히 알려졌다. 그 이야기는 아래와 같이 다섯 가지 대표 이
야기로 정리된다.

① 전라도 고부(高阜: 정읍) 양반인 박현수가 과거를 보러
   상경하는 길에 도적을 만나 두들겨 맞고 도망쳐 와 천
   안삼거리 주막에서 머물게 되었다. 박현수는 주막집
   수양딸(남의 자식을 데려다가 제 자식처럼 기른 딸)인 능소가
   극진히 간호해준 덕분으로 건강을 추슬러 한양으로 과
   거를 보러 갔다. 과거에 급제하니 박현수에게 여러 관
   리가 중매를 넣었지만, 박현수는 능소와 한 약속을 지
   키기 위해 모두 거절했다. 천안으로 돌아간 박현수는
   능소와 재회한 뒤 본가에 연락하여 혼례를 서둘렀다.
   혼례 때 신이 나서 흥겨운 가락이 흘러나온 것이 바로
   '천안 흥타령'이다.

② 천안삼거리 객줏집(길 가는 나그네들에게 술이나 음식을 팔
   고 손님을 재우는 영업을 하던 집)에 능수라는 아가씨가 있
   었다. 어느 날 한 선비가 과거를 보러 가는 중에 능수
   가 있는 객줏집에 유숙(남의 집에서 묵음)하였다. 능수는
   선비와 깊은 정이 들어 과거 보러 떠나려 하는 선비를

만류하며 자신과 함께 살자고 하였다. 선비는 돌아오겠다고 약속하고 버들가지를 주막에 꽂으며 "이 버들이 뿌리가 나서 가지가 생기면 내가 돌아올 것이오" 하고 말하였다. 과거에 합격한 선비는 어사화를 꽂고 약속대로 천안삼거리에 돌아왔지만, 능수는 이미 죽은 뒤였다. 선비는 슬픔에 잠겨 그 자리에서 시를 지어 불렀다.

③ 어사 박문수(朴文秀: 1691~1756)가 낙향하여 시골에 있다가 전쟁이 나서 임금이 부르자 다시 서울로 올라가게 되었다. 박문수는 아내와 어린 딸 능수를 데리고 천안삼거리까지 왔다. 그러나 딸이 너무 어려 더 이상 갈 수가 없자 아내와 딸을 천안삼거리에 두고 혼자 가기로 하였다. 박문수는 지팡이를 땅에 꽂고 나무가 살아서 클 때까지 돌아온다고 약속하였다. 박문수가 돌아와 보니 능수는 이미 아가씨가 되어 있었다. 박문수가 신이 나서 "능수야!"라고 부르며 흥타령을 하였다.

④ 과거 시험을 보러 한양으로 가던 선비가 천안삼거리에서 유숙을 하였는데, 천안의 기생인 능수와 하필 눈

이 맞아서 과거 날짜를 놓쳤다. 선비는 천안삼거리에서 지내다 다음 해 과거를 다시 보았지만 낙방하고 말았다. 면목이 없어 고향에 내려가지도 못한 선비는 능수와 살면서 술만 먹으면 "능수야!", "버들아!" 하고 부르며 축 늘어지고는 하였다. 원래 '능수버들'이 따로 있는 것이 아니고 선비가 부른 것에서 유래된 것이라고 한다.

⑤ 옛날 어느 마을 생원이 조카를 데려다 키웠다. 생원에게는 아들이 있었는데, 생원이 아들에게 혼담이 들어왔음에도 형뻘 되는 조카부터 장가를 보내려고 하니 아들이 서운하여 집을 나가고 말았다. 조카는 혼인하러 가는 길에 후행(後行: 전통 혼례에서 신랑의 일행으로 따라가는 사람)으로 마을의 한 선비를 데리고 갔다. 그런데 혼인 첫날밤에 조카가 아들을 찾아오겠다고 돌연히 행방을 감추었다. 그사이 집을 나간 생원의 아들은 절에서 공부하다 3년 후 과거를 보러 서울로 향하였다. 조카와 후행을 따라나섰던 선비도 과거를 보러 서울로 향하였다. 세 사람은 모두 과거에 급제하여 아들은 재상가의 사위가 되고, 후행 선비는 생원의 누이와 혼인

천안삼거리 공원에 설치된 능소와 박현수 이야기 모습(사진: 천안시)

하고, 조카는 예전에 혼례를 올렸던 신부와 다시 혼인
하였다. 세 쌍의 부부가 천안삼거리에 이르러 세 길에
버드나무를 심으며 이날을 기념하였다. 이때부터 천안
삼거리 능수버들이 유명해졌다.

「천안삼거리」는 천안삼거리 능수버들과 '천안 홍타령'의
유래담이다. 삼남대로(三南大路)의 교차점인 천안삼거리에
드나드는 손님과 그곳에 거주하는 여인 사이에 애틋한 사랑
이야기가 있었을 듯하기에 만들어진 이야기다.
그래서 이야기도 여러 가지로 전해온다. 주막집 주인 아가씨, 절세의 기생, 부자나 부녀가 모두 '만남과 이별', '기다림', '다시 만남'을 공통으로 나타내고 있다. 한편 교통의 요지가 인연이 되어 만나서 원래의 목적을 달성하지 못하고 허탈해하는 변이형 이야기도 있다. 어쩌면 더 많은 파생 이야기들도 있었지만, 오늘날까지 생명력을 가지고 살아남은 이야기들이 앞의 이야기들일 것이다.

1933년 『삼천리』 잡지에 수록된 희곡 「능수버들」, 1952년 삼중당에서 펴낸 「천안삼거리」, 1986년 민병달 전 천안문화원장의 『천안삼거리 능소전』, 2019년 조도영 작가의 동화 『능소의 사랑 이야기』 등 각색된 문학작품이 계속 만들어져 오고 있다.

5.

천안삼거리 이야기가 우리에게 주는 가치

        천안삼거리는 오랜 세월 동안 이곳을 오가는 수없이 많은 길손(손님)이 필요에 따라 이야기를 전달하고 지어낸 공간일 것이다.

  예로부터 천안삼거리는 사는 곳이 다르고 말이 다르고 풍속이 다르고, 또 사정과 형편이 서로 다른 길손들이 오가면서 사전 약속 없이 만났다 헤어지는 쉼터 공간이었다. 길손들이 모이고 헤어지는 자리에는 서로 공감하는 사실들이 새로운 사연들로 생겨나고, 길손마다 나름대로 알고 있는 이야기들을 남기고 떠난다.

  길손들은 자기가 사는 지역의 이웃 사람들이나 그들의 삶에서 이루어지는 원한과 희망들의 사연을 재미있고 애틋하게 엮어냈을 것이다.

그래서 남녀 간의 사랑 이야기는 춘향전의 느낌을 가지고 있으며, 부녀간의 사랑 이야기에서는 심청전과 같은 느낌이 드는 것 역시 자연스러운 모습이 아닐까 한다.

옛사람들은 삶의 원한과 희망을 이야기로 풀어냈다. 우리 민족은 한이 많다고 한다. 우리 민족의 가슴속에 쌓여 있는 것은 과거에 대한 원망보다는 못다 한 아쉬움의 한이다.

그래서 그 한을 풀어낼 때 우리 민족의 문화는 희망을 가지고 강해지며 창조적인 문화가 된다.

천안삼거리에는 예로부터 만남과 헤어짐의 능수버들 이야기가 많이 엮여 전설로 전해오고 있다. 그리고 원한과 희망을 노래로 풀어내는 '흥타령 노래'로도 전해온다.

천안삼거리의 능수버들은 융통성이나 넉넉함이 함께하며, 격식과 규격 틀에 박힌 듯한 경직된 모습이 아니라 관용과 온유, 용서와 이해의 따뜻한 사랑이 충만한 평온함 속에서 창조성을 배울 수 있는 소재다.

'융합'은 서로 다른 것들이 많이 만날수록 더 많은 양분이

된다. 천안삼거리의 이야기가 그랬고, 민요가 그랬다. 이렇
듯 살아 있는 증거를 가진 천안의 미래 역시 희망적이다.

2장

충남 여기 어때유?

①

숨어 있는 가치에 의미를 담는 방법

내가 사는 곳에 대해 완전히 잘 알기는 쉽지 않다. 우리는 늘 익숙한 곳, 사람이 많이 찾는 곳으로만 더 많이 모이고 있기 때문이다. 그러다 보니 내가 사는 곳의 가치와 의미를 생각해본다는 것은 정말 어려운 일이 되었다.

나 역시 충남에 자리를 잡고 산 지 약 20년 가까이 되었지만, 충남이란 곳을 깊이 생각할 동기부여를 경험하기는 쉽지 않았다.

그런 나에게 충남을 다른 사람들보다 더 깊이 이해할 기회가 된 것은 '충남학 강사(지역학 전문가)'와 '충청남도 문화재

전문위원' 활동을 통해 많은 곳을 방문하고 그곳의 이야기를 접하면서부터였다.

1
2

1 충남학 문화유산 답사 사례(충남 논산 죽림서원)
2 충남의 행정구역

충남에서는 서해안의 유명 해수욕장, 천안의 독립기념관, 공주와 부여 일원의 백제 관련 문화재 등이 전국에서 사람들이 많이 찾는 관광지로 유명하다.

하지만 이런 유명한 장소들 말고도 지역마다 "아! 좋은데" 하는 감탄을 줄 수 있는, 숨어 있는 명소가 너무 많지만 관광지로 활성화된 곳을 찾기 힘든 것이 현실이다.

이번 「충남 여기 어때유?」는 이런 장소 중 최근 내가 다니면서 정말 가까운 사람들에게 추천해줄 만하거나 함께 가고 싶은 장소를 소개해보고자 한다.

이미 일부 장소는 충남과 대전 등에서 명소로 자리하여 볼거리, 먹거리, 즐길거리가 함께하는 곳이기도 하다. 그러나 아직 모르는 사람들이 있다면 꼭 가족이나 친구들과 함께 방문해보기를 추천한다. 후회 없는 여행이 될 수 있을 것이라 확신한다.

충남에는 유교, 불교, 천주교 등 신앙을 중심으로 한 관광자원도 많아 이런 곳을 찾아 마음의 평안을 찾는 것도 추천해본다. 이번 추천 장소로 다루지는 않았지만, 논산의 명재 고택, 종학당 등은 내가 충남학 강의로 다녀본 관광지 중 최고였다.

특히 봄과 가을의 자연환경 변화는 같은 장소를 방문하더라도 다른 느낌이 들게 하기에 충분하다.

특히 명재고택 옆의 권리사(공자를 모시는 사당)는 내가 충남학 강사로 활동하다 외부 요청으로 중국 단체 관광객들을 모시고 함께 방문 후 "아! 관광명소로 되는 것은 꼭 눈으로 보이는 것이 아니라 가치에 의미를 부여하는 것도 중요하구나!" 하는 것을 배울 수 있어 신선한 경험이었다.

그것은 장소가 주는 새로움이 아닌 유학(儒學)이란 사상적 가치와 우리 민족이 왜 유학(공자)을 중심 사상으로 삼았는지에 대한 의미가 함께하였기 때문일 것이다.

그러면서 이런 고급 관광 상품을 우리나라에 들어와 있는 많은 외국인(결혼 이주민, 유학생 등)을 통해 활성화해야 하지 않을까 하는 생각을 했다. 우리 역시 해외 유명 관광지를 여행할 때 그곳의 이민자(교포)나 유학생 등 한국의 정서를 가지고 그곳을 설명할 때 더 큰 공감대를 형성할 수 있는 것처럼 말이다.

내가 진행한 관광 프로그램을 소개하자면, 중국의 부유층 중 일부는 복잡한 서울 백화점 관광과 단체로 시간에 쫓기어 관광하는 것이 아니라 조금 여유롭고 차별화된 관광을 원했던 것이다. 그래서 천안의 갤러리아백화점이 선정되었고 휴무일인 월요일에 반나절 동안 그들만을 위하여 특별히 오픈하는 상품을 개발한 것이다.

그러면서 토요일과 일요일 충청권 관광 상품을 찾던 중, 아산에서 내가 강의한 충남학(현장 답사)을 들었던 조선족 여성분이 전 일정 통역으로 참여했는데, 여행사에 그 충남학 투어 일정이 좋았다고 추천을 한 것이다. 그래서 여행사는 나에게 연락을 해서 하루짜리 충남학 답사 프로그램을 요청했다. 그것이 앞에서 소개한 논산 일대를 관광하는 프로그램이었다.

1
2

1 충남 논산시 명재고택 모습
2 충남 예산군 예산황새공원

너에게 들려주는 우리 이야기

2.

시간이 멈춘 마을

충남 서천군

충남 서천군의 '시간이 멈춘 마을'은 1930
년대 일제강점기 식량 수탈과 징용 등을 위해 만든 장항선
중 한 곳인 구 판교역부터, 충청남도의 3대 우시장으로 불렸
던 판교 옛 우시장 거리, 동일주조장, 일본식 가옥 장미사진
관, 판교극장 등 옛 건물이 그대로 보존된 곳 일원(一圓: 일정
한 범위의 지역)을 의미한다.

판교 현암리에는 '시간이 멈춘 마을'이 있다. "낡은 지붕,
빛바랜 담장, 희미해진 간판이 있는 추억 속 장소에는 오래
된 건물이 많아 마을 자체가 영화 세트장 같은 느낌이다"라
는 방문 후기가 있을 정도다.

구 판교역

　'판교'는 나무판자로 다리를 놓아 '널다리'라고 부르던 데
서 유래한 이름이라고 한다. 판교마을은 1930년대에 충남
3대 우시장이었던 판교 장터와 판교역이 들어서면서 번성하
다 1980년대부터 하향길을 걷고 지금은 사람보다 남아 있는
건물이 더 많은 시골 마을이 되었다.

　최근 이곳은 근대역사 문화단지로 조성하기 위한 준비와
함께 충남 서천 등의 바닷가를 방문하고, 새로운 운치를 경
험하고자 하는 관광객에게 명성을 얻는 조용한 마을이다.

우리가 전라북도 군산시를 근대역사 문화단지라고 불리는 것은 일제가 다양한 근대건축물을 남겨놓은 상태에서 지금까지 잘 보존되고 있기 때문일 것이다.

하지만 이곳 판교는 도시가 번성했다 다시 쇠락하는 과정이 매우 짧아, 기존 건물을 허물지 않고도 2차선 도로가 생길 수 있는 조금은 아이러니(역설)한 모순이 판교라는 '시간이 멈춘 모습을 남겨 주었다'라는 특징이 있다.

과거 판교마을 번영의 상징이었던 판교극장은 1961년에 들어섰다. 당시 군 소재지에 하나 있을까 말까 했던 시설이다. 극장은 옛 판교역 옆에 2층 건물로 건립되었다.

'공관'으로 불리던 극장 건물의 용도는 새마을운동 홍보가 주목적이었지만 지역주민의 문화생활을 책임지던 공간으로 영화 상영부터 유명 가수의 공연, 콩쿠르까지 모두 이곳에서 열려 한때 인구 8,000명이었던 이곳의 영광을 함께했던 곳이다.

이곳 판교극장도 다른 시골 극장과 마찬가지로 텔레비전 보급 등과 함께 하향길로 들어섰다. 극장으로의 쓰임을 다한 판교극장은 체육관, 마을회관이기도 했다. 지금은 버려진 건물에 작은 구멍으로 입장권을 내주던 매표소부터 유리창에 붙은 문구까지 세월의 흔적들이 그대로 남아 있다. 정말 시간이 멈춰버린 모습을 보여주는 곳이다.

1
2

1 판교극장 건물 모습
2 판교극장 입구 모습

장미사진관은 일제강점기 때 일본인들이 살던 집으로, 2층 구조로 된 전형적인 일본식 가옥 형태의 건물이다. 해방 이후 오일장이 열릴 때 상인들의 숙소로 사용되다가 그 후에

1 장미사진관 모습
2 장미사진관 그림(자료: 판교 장미갤러리)

는 장미사진관으로 바뀐 곳인데 이제는 역사의 흔적과 함께 건물만 남은 추억의 장소다.

이 건물이 마을에서 가장 눈길을 끄는 것은 시장 입구에 자리했다는 위치적 요인과 함께 1932년 일본인 손으로 지어진 적산가옥으로 마을에서 유일한 2층 목조 주택이라는 점 때문이다.

적산(敵産)은 '적의 재산', 혹은 '적들이 만든'이라는 뜻으로 말 그대로 적들이 만든 집이라는 뜻이다. 한국에서는 일반적으로 근대 및 일제강점기에 일본인이 지은 건축물을 뜻한다.

어찌 보면 장미사진관은 판교마을의 '상징 건물'이라고 할 수 있다. 광복 이후 여인숙, 쌀 상회 등으로 운영되다가 사진관으로 바뀌었다. 마지막으로 사진관이 폐업한 뒤 수십 년간 방치되다시피 했다. 용도가 수없이 바뀌면서 건물 외관은 변한 부분이 있지만, 내부는 지어질 때 모습 그대로라고 한다.

'시간이 멈춘 마을'에는 유명한 러브스토리가 있다. 그 내용을 전부 다 알 수는 없지만, 현재의 판교역에서 마을로 막 진입하는 초입에 있는 원불교 건물이 그 이야기 속 주인공 여성이 살던 집이라는 구체적 주민들의 이야기도 있다. 그 내용을 간단히 설명하면 다음과 같다.

일제강점기 마을이 커지고 학생 수가 늘면서 시골 보통학교(현재 초등학교)에는 많은 선생님이 필요했을 것이다. 그런 가운데 서울에서 이곳으로 예쁜 처녀 선생님이 오셨고, 우마차로 물류 사업을 하여 부자가 된, 학교의 최대 후원자인 마을 최고 부자는 한눈에 이 여선생님께 빠졌다.

부자는 다양한 방법을 동원해 여선생을 첩으로 들였다. 하지만 본처와 그 자식들은 새로 들어온 여선생을 힘들게 했고, 이를 알게 된 부자는 자기 집에서 마을 반대편에 위치한 곳에 새로운 신식 가옥을 만들어 그곳에 여선생을 살게 했다.

하지만 이도 잠시, 이 지역을 관리하던 일본 경찰도 이 여선생에게 반했다. 이 일본인은 본국으로 송환 명령을 받고 여선생에게 같이 일본으로 가자고 감언이설(남의 비위에 맞도록 꾸민 달콤한 말로 이로운 조건을 내세워 꾀는 말)로 설득했다. 그 와중에 나이 많은 부자는 건강이 악화되었고, 본처의 괴롭힘이 더욱 심해져 할 수 없이 여선생은 그 일본인을 따라 일본으로 갔다. 그러나 여선생은 다시 전쟁터로 발령 난 일본 경찰과도 오래 살지 못하고 먼 타지에서 혼자 피아노를 치며 시간을 보내야 했다.

그러다 해방 이후 다시 이곳 판교로 와 이전 살던 집에서 부자가 사준 풍금을 치며, 자기가 다니던 직장인 학교를 보며 굴곡 많은 인생을 살았다는 이야기다.

모르긴 해도 더 파란만장하고 많은 내용이 있겠으나 내가 현장에서 들었던 큰 틀의 이야기는 이 정도였다. 이런 부분을 더 고찰하여 지역의 문화자원과 함께 스토리텔링을 진행할 예정이라고 하니, 향후 이 지역에서 이 여선생이 다녔던 길을 테마화하는 것도 좋은 관광코스가 될 것 같다는 생각이 든다.

1
2

1 시간이 멈춘 마을(판교철공소)
2 시간이 멈춘 마을(동일주조장)

3.

금사리 성당과 무량사

충남 부여군

금사리 성당

충남 부여군의 금사리 성당은 우연한 기회에 방문하게 되었다. '충남도 문화재전문위원'으로 도청의 문화재 담당 직원과 현상 변경 건으로 부여군을 방문했을 때의 일이다.

부여에 근대건축물로 등록 추진 중인 곳이 있는데, 잠시 방문하여 확인할 것이 있으니 함께 방문하자는 제안으로 찾게 되었다. 마을을 돌아 들어오는 길이 좁았지만, 성당이 위치한 곳은 아주 넓고 평탄한 곳에 있었다.

정말 영화나 드라마에 나올 법한, 아주 멋지고 아담한 건물로 "아! 멋지다" 소리가 절로 나온다. 아마 설명이 없었다면 어느 것이 주인공 건물인지 알기 어려울 정도로 구 성당과 신 성당 모두 한 공간에서 너무 세련된 모습을 하고 있다.

　　금사리 성당은 부여 읍내에서 약 10㎞ 정도 떨어져 있다. 부여에 천주교 신자들이 모이기 시작한 것은 병인박해 이후부터라고 한다. 그런 가운데 소양리 공소(公所: 본당보다 작은 교회 단위. 본당 사목구에 속하여 있는 신부가 상주하지 않는 예배소나 그 구역을 이름)가 1901년 본당(本堂: 신자의 영혼에 대한 지도와

금사리 구 성당 모습

전교를 맡은 주임 신부가 상주하는 성당)으로 승격되었으니 이것이 '금사리 본당'이다.

초대 주임으로 부임한 공베르 신부가 중국인 기술자 및 신자들과 함께 약 6년간 애를 쓴 끝에 1906년 금사리 성당(당시 소양리 성당)을 완공하였다고 한다. 이로써 이런 시골에 이렇게 멋진 건물이 건립되었다.

벽돌로 쌓았지만 그 위에는 기와를 얹는 등 한식과 양식을 절충한 독특한 모습이었다고 한다. 이를 추론할 수 있는 것은 비슷한 시기 세워진 옛 사제관을 통해 추측할 수 있다고 한다.

이 방문 후 나는 충남학 수강자분들과 함께 방문했던 현장 답사에서 다음과 같은 질문을 받았다. "이 건물이 오래된 건물이라는 것을 어떻게 한번에 증명해줄 수 있느냐" 하는 질문이었다.

다행히도 이전 현상 변경 때 함께 간 교수님께서 들려준 이야기를 멋지게 해줄 수 있었다.

"현재 벽돌의 경우 KS(한국산업규격)로 그 크기가 다 정해져 있는데, 금사리 구 성당의 벽돌을 보면 벽돌 치수가 더 작은 것을 알 수 있다. 이것이 1900년대 벽돌 건물들의 특징이다"라는 이야기를 해주면 "아… 오늘 정말 전문가분이랑 왔네…" 하면서 '엄지척'을 해주신다.

하지만 오늘 우리 앞에 있는 성당은 종탑이 얹히면서 지붕 무게가 무거워 벽에 금이 가면서 1928년 함석지붕으로 바뀌었고, 1950년 중반 강풍에 종탑이 넘어지면서 없어졌다. 신자들이 계속 증가하면서 성당이 비좁아지자 1960년 지붕을 보강하면서 중앙 기둥도 없앴다.

그런데 이후 금이 가고 벽이 기울자 1998년 복원 공사를 했지만, 부실했는지 양철 지붕이 날아가는 등의 문제가 있어 전면 재공사를 진행할 때 벽 전체를 헐고 다시 쌓아 지금의 모습이 되었다고 한다.

복원 공사는 성당 건립 100주년인 2006년 봄에 일단락되어 축복식이 거행되었다. 이런 성당의 이력이 성당 안의 안내 자료집에 너무 잘 정리되어 있어, 많은 건축물이 문화재로 지정하는 과정에 조사되어야 할 부분이 이곳에는 누구나 볼 수 있도록 성당 안에 비치된 것도 특징이다.

1 구 성당 내부 모습
2 신 성당 내부 모습

너에게 들려주는 우리 이야기

내부에 들어가면 오랜 세월이 무색할 정도로 아주 깔끔한 모습을 접할 수 있다. 일반적인 삼랑식이 아닌 이랑식 구조를 가진 내부는 성당 역사의 자취를 느끼기 충분하다. 또한 옛날 남녀가 구분하여 앉았을 것 같은 구조와 입구 위쪽 다락과 같은 용도 등 성당의 기능을 위한 여러 배치를 확인할 수 있다.

입구 쪽 계단과 2층이 있는 곳은 성가대석이라기엔 너무 좁다는 느낌이 있는데, 그 기능이 종을 치기 위한 곳이라고 한다. 종탑 구조물이 따로 있는 것이 아니라 지붕 위에 구멍을 내고 그 위에 종탑을 올린 실용적 사례라 할 수 있다.

정말 110년이 넘는 건물이 지금도 사용하기에 너무 깔끔하고 세월의 멋이 깃들어 우리에게 주는 새로운 느낌은 다 표현하기 힘들다.

복원이나 증축 공사는 생각할 수도 없던 1960년대, 성당 건물이 수난을 겪고 있는데 신자들은 계속 늘어 수용하기 힘들어져 1968년 옛 성당 옆에 새로운 성당을 건립하였다.

대부분 새로운 성당이 생기면 구 성당을 철거하거나 했을 텐데 이곳은 그러지 않았고 신 성당과 구 성당이 함께 서 있다. 신 성당의 내부는 70년대 전형적인 건물 모습이고, 직선적 구성으로 솔직한 느낌이 있다.

금사리 신 성당 모습

신 성당이라고는 하지만 이곳 역시 1968년 건립되어 약
54년 가까이 되었기에 의미가 있는 건물로 자리했다고 할
수 있다.

건축공학을 전공한 사람으로서 '우리가 왜 창조적인 건물
과 차별화된 건물을 지어야 하는가?' 하는 질문을 한다. 그에
대한 답을 이곳에서 얻을 수 있다.

약 6년에 걸쳐 이국 땅에서 구 성당을 건립한 초대 주임
공베르 신부의 노력과 창조성 때문에 신 성당은 대충 지어질

수 없는 운명을 가졌을 것이다. 또한 너무 밋밋하게 짓기도 어려웠을 것이다. 그러다 보니, 신 성당 역시 건축을 공부하는 교재에 나올 법한 멋진 건물로 지어졌다.

이것이 바로 우리가 멋진 건물, 차별화된 건물을 지어야 하는 역사적 숙명을 나타내는 것은 아닐까 하는 생각이 든다. 또한 새 성당을 만들었는데도 구 성당을 허물지 않고 보존함으로써, 이런 멋진 건물을 오늘 우리가 함께할 수 있도록 관리한 것도 대단한 일이다.

무량사

금사리 성당에서 약 10분 거리에는 무량사(無量寺)라는 절이 있다. 들어가는 초입 일주문(一柱門)의 기둥 두께에서 "아!" 소리가 나온다. 정말 두께가 엄청난 나무가 기둥에 사용되었다.

입구인 일주문을 통과해서 조금 더 올라가면 무량사 구

지(無量寺 舊址)가 보인다. 구지(舊址)란 '옛터'를 의미한다. 약 2천 평의 면적 전 구역에 다량의 기왓조각이 분포하고, 화강암제 기단석열과 3단 석축으로 정교하게 쌓은 담장지로 미루어 대단한 정성을 기울인 건물지이며, 막새의 수준이나 각종 청자류로 보아 건립 당시 주변에서 가장 규모가 큰 사찰이었음을 짐작할 수 있다는 문화재청 소개 자료가 있다. 그러니 현재 우리가 보는 건물 말고도 대단위 건물이 추가로 있었다는 것을 짐작할 수 있다.

천왕문(天王門)을 지나 무량사 중심으로 들어갈 수 있다. 건물 안으로 들어가기 전 이곳의 규모를 추측할 수 있는 또 하나의 문화재가 있는데 그것은 당간지주(幢竿支柱)다.

당간지주는 사찰 입구에 설치하는 것으로, 절에 행사나 의식이 있을 때 이곳에 당이라는 깃발을 달아두는데, 이 깃발을 걸어두는 길쭉한 장대를 당간이라 하며 당간의 양쪽에 서서 지탱해주는 두 돌기둥을 당간지주라 한다.

문화재청 소개에 의하면 전체적으로 아무런 장식이 없는 소박하고 단아한 모습으로, 통일신라 시대에서 굳어진 제작 방식을 따라 고려 전기에 만든 것으로 짐작된다고 하니 무량사 역사의 시작을 추측할 수 있을 듯하다.

무량사에 대한 자세한 설명은 두산백과와 문화재청에 소개되어 있다. 충남 부여군 외산면 만수산 남쪽 기슭에 있는 절로, 대한불교조계종 제6교구 본사인 충남 공주시의 마곡사(麻谷寺)의 말사(末寺)이다. 말사란 일정한 교구(教區)의 본사(本寺)에 소속된 작은 절을 뜻한다. 신라 시대 창건하였고, 여러 차례 중수하였으나 자세한 연대는 알 수 없다.

주위 산림이 울창하여 큰 사찰의 면목을 유지하고 있는데, 보물로 지정된 극락전(極樂殿)은 드물게 보이는 2층 불전으로 내부는 상·하층의 구분이 없는 조선 중기의 건물로서 당시의 목조 건축술을 엿볼 수 있는 중요한 자료다.

극락전 내에는 거대한 좌불이 안치되었는데 중앙의 아미타불은 앉은키가 16자, 가슴둘레 24자이며, 좌우의 관세음과 대세지보살은 앉은키가 16자에 가슴둘레가 18자이다. 또한 여기에는 석가불화가 있는데 길이 45자 8치, 폭이 25자 2치나 되는 조선 인조 때의 불화로 기구가 장대하며 묘법도 뛰어나고 채색도 선명하다.

무량사 극락전 모습

이 밖에도 경내에는 보물로 지정된 5층 석탑, 보물인 석
등, 지방문화재인 당간지주, 김시습 부도 등이 있다. 이 절은
생육신의 한 사람인 매월당 김시습이 세상을 피해 있다가 돌
아가신 곳으로도 유명하다.

이런 문화재 소개의 글을 쓰고자 한 목적이 아니라 내가
이곳을 5번 정도 방문했는데, 그중 계룡시의 충남학 프로그
램 중 내가 진행한 현장 답사 때의 일을 소개해보고자 한다.

당일 우리는 계룡시에서 미리 공문을 보내, 방문을 통보
한 상태로 문화해설사의 설명을 듣기로 되어 있었다. 하지
만 작년부터 이곳에서 문화해설사가 철수하여 해설 프로그
램을 운영하지 않는다는 것이다.
그러면서 잠시 기다려보란다. 이곳에 오래 근무한 사람
이 있으니 해설할 수 있는지 물어보겠다는 것이다.

잠시 후 한 아저씨가 멋쩍은 웃음과 함께 나타나셨다. 이
곳에서 템플스테이를 운영할 예정인데, 그곳 준비를 하느라
요즘 바쁘다고 말씀을 하시면서 자기를 소개했다. 본인은
무량사 아랫마을에서 태어났으며 5살 때부터 절에 들어와

생활하다 성인이 되어 서울에 가서 직장생활을 하다 몇 년 전에 다시 고향으로 내려왔으며, 올해부터 절에 와서 이것저 것 일을 하고 있다는 것이다.

처음에는 많이 수줍어하셨지만, 방문하신 분들의 연배(나이)가 비슷해서인지 바로 적응하여 본인이 알고 있는 무량사 에 관한 이야기를 들려주셨다.

이야기에 따르면 무량사 극락전(極樂殿)은 우리나라에서 는 그리 흔치 않은 2층 불전으로 무량사의 중심 건물이라고 한다. 외관상으로는 2층이지만 내부에서는 아래층과 위층이 구분되지 않고 하나로 트여 있다. 아래층 평면은 앞면 5칸, 옆면 4칸으로 기둥 사이를 나누어놓았는데 매우 높은 기둥 을 사용한 것이 특징이다. 위층에는 아래층에 세운 높은 기 둥이 그대로 연장되어 4면의 벽면 기둥을 형성하고 있다.

원래는 그 얼마 되지 않는 낮은 벽면에 빛을 받아들이기 위한 창문을 설치했었는데, 지금은 나무판 벽으로 막아놓았 다. 아미타여래삼존상을 모시고 있는 이 불전은 조선 중기 의 양식적 특징을 잘 나타낸 불교 건축으로 중요한 가치를 지닌 우수한 건물이라고 한다.

우리나라에는 2층 법당이 흔하지 않다. 그런데 외형만 2층이며, 내부는 통으로 이루어져 2층 높이를 가진 아주 넓은 공간을 갖기 위한 건축 기술이다. 실제 안에 들어가 보았을 때 사용된 부재들의 두께가 어마어마한 것을 확인할 수 있었다.

극락전의 왼편 앞에는 탑을 보고 선 명부전(冥府殿)이 있다. 충청남도 문화재인 무량사 명부전은 극락전 전면의 동편에 있는 건물로서 지상보살을 모시고 명부의 시왕상을 모셨으며 일명 지장전(地藏殿)이라고도 부른다.

무량사 명부전은 19세기 사찰 건축물로 단아하면서도 치졸하지 않으며, 화려한 익공 양식과 목판재 벽체 등 전통적인 건축 양식이 잘 보존되어 있다. 이곳은 사람들이 가지고 있는 많은 고민(번민)의 구체적 사례를 기도하는 장소라고 설명해주었다.

특히 주 출입구가 오늘날로 보면 자동 개폐 기능처럼 문을 여닫을 수 있는 도르래 기능이 있는 것이 아주 특징적이었다. 그 실제 사례를 본 사람은 몇 명 되지 못하지만 당일 우리는 이것을 직접 시연해볼 수 있는 영광을 얻었다.

무량사 명부전 내부

극락전 오른편 조금 떨어진 곳에 충청남도 문화재자료인 무량사 영산전(靈山殿)이 있다. 영산전은 극락전, 천왕문을 잇는 축선상에 자리하고 있는 건물이다. 영산전은 영가산(영축산)에서 석가가 설법하던 『법화경』의 영산회상을 상징하는 건물로 일명 팔상전이라고 부른다.

영산전 내부에는 석가모니불을 주불로 하여 부처님의 상수제자인 아난존자와 가섭존자를 모시고 있다. 그리고 500나한(羅漢)을 모시고 있으며 무량사 약지(略誌: 간략하게 줄여 적어놓은 서책)에 보면 명부전과 같이 지어졌다고 기록되어 있다.

무량사 영산전 내부 나한상 모습

이곳에는 작고 귀엽게까지 보이는 500나한상이 기존 큰 불상과 달리 작게 만들어져 친근감을 준다. 더 놀라운 것은 그 모양이 다 조금씩 다르다고 한다.

마지막으로 무량사에서만 볼 수 있는 문화재로 김시습 (金時習) 영정(충남유형문화재 제64호)이 있다. 매월당 김시습 (1435~1493)은 생육신의 한 사람으로, 수양대군이 단종을 폐 위하고 왕위에 오르자 21세에 승려가 되어 전국을 떠돌다가 마지막 생을 무량사(無量寺)에서 보냈다고 한다.

현재 무량사에 있는 김시습 초상은 진본이 아니고 진본은 서울 종로 조계사 옆에 있는 불교중앙박물관에 모셔져 있다고 한다. 김시습 초상은 반신상으로, 구슬 장식의 끈이 달린 초립(草笠)을 쓰고 담홍색 포(袍)를 입고 있으며 공수 자세를 취하고 있다. 얼굴과 의복은 옅은 살색과 그보다 약간 짙은 색상이 미묘하고 절제된 조화로 묘사되고 있다.

양미간을 찌푸리고 있는 표정 속에서 눈의 총기가 생생하다. 김시습 초상은 매월당 김시습의 초상화라는 인물사적 가치 위에 조선시대 야복(평민이 입던 옷) 초상화의 가작(매우 뛰어난 작품)이란 점에서 중요성을 지닌다고 한다.

매월당 김시습 초상화

이날 해설은 본인이 이곳에서 어려서 생활했던 경험과 다시 돌아와 본 소회 등 정말 진솔하고 재미있게 진행해주셨다. 그 가운데 더 기억에 남는 것은 내가 계룡시 충남학 강의를 할 때마다 남편분과 함께 오셨던, 아주 고우신 할머니의 추억이 더해지면서 재미가 있었다.

할머니께서 13~16살 때 가족들은 대전에 살았는데 여름이면 보령에 있는 대천해수욕장으로 놀러 가셨다고 한다. 그 중간 지점이 이 무량사였고 매년 이곳에서 점심을 먹었던 기억과 특히 영산전 500나한에 기도했던 일이 재미있었다고 말씀해주셨다.

할머니와 그의 언니는 이곳에 올 때마다 자기 나이만큼 절을 하고 그 숫자만큼에 있는 나한을 확인했는데, 이는 그렇게 확인된 나한이 미래의 신랑 모습이라는 재미있는 이야기를 듣고 매년 이곳에 올 때마다 절을 하고 나한을 찾는 재미와 확인 후 두 자매가 낄낄 웃었던 기억이 새록새록하다는 이야기가 우리를 웃음 짓게 했다.

답사 당일 할아버지께서 다른 일로 함께하지 못하셨기에 오늘 한번 절을 하시고 나서 다시 한번 나한을 확인해보시고, 남편분과 비슷한지 한번 확인해보라고 부탁드렸다. 오시는 길에 비슷한 것이 있는지 물으니, "착한 것이 같은 것 같다"라고 하시면서 웃으신다.

또한 해설하시는 분께서는 숭유억불(崇儒抑佛: 유교를 높이고 불교를 억누르다)을 기조로 했던 조선시대에 이렇게 큰 절이 지어질 수 있었던 것은 이곳이 왕과 왕자의 개인 영달(건강과 왕권 강화 등)을 기도해주겠다는 설득으로 건립될 수 있었기 때문이라 했다. 이는 임진왜란 때 충남 보령에서 전라도 곡창지대로 가려는 왜군을 이곳 무량사의 스님들(약 3,000명 이상)이 주축이 된 의병들에 의해 저지된 것을 보면, 무량사 극락전의 역할이 역사적으로 충분히 그 값을 하지 않았나 하는 소회를 말씀해주실 때 이곳 무량사를 다시 한번 되돌아보게 되었다.

경이정, 목애당, 태안읍성과 향교

충남 태안군

　　충남 태안군의 경우 길게 서해안을 끼고 있는 지리적 특징으로 해수욕장, 해안 국립공원과 함께 다양한 꽃박람회 등이 진행되는 곳으로 많은 사람에게 알려져 있다.

　　또한 최근에는 석양과 수목원, 휴양림 등에 대한 인기도 높아지고 있는 것 같다. 그러다 보니 태안의 역사 문화재에 대한 홍보는 크지 않은 것이 현실이다. 주위에서도 태안의 석양이나 바다를 보러 간다는 이야기는 많이 들어도 문화재를 보러 간다는 이야기를 듣기는 쉽지 않다.

　　하지만 이번에 소개하는 태안읍 행정복지센터 일원의 경

이정과 목애당, 태안읍성과 향교로 연결되는 역사문화단지의 경우 단아하고 특색이 있으며 지역에서 볼 수 있는 고건축을 중심으로 여유로운 감상을 하기 충분한 곳이다.

경이정(憬夷亭)

충청남도유형문화재 제123호
위치: 충남 태안군 태안읍 동문리 573

경이정(憬夷亭)은 조선시대 태안현 관청 건물의 일부로 행정청의 입구에 해당한다.

건립 시기는 1399년~1400년(정종 원년~2년) 사이에 지은 것으로 추정되며, 그 후 여러 차례 고쳐졌다. 건물의 명칭인 '경'은 원행을, '이'는 평안하다는 의미를 담고 있다.

즉, '경이'라는 말은 '멀리 항해하는 사신의 평안함을 빈다'라는 뜻으로 중국 사신이 안흥만(安興灣)의 안흥항을 통하여 육지에 들어올 때 휴식을 취하는 장소로 이용되었다.

또 이곳 해안을 지키는 방어사(防禦使: 조선시대에 나라의 방

위를 위하여 군사 요지에 파견하던 종2품 무관 버슬)가 군사에 관한 명령을 내릴 때도 이곳을 사용했다고 한다.

조선 후기에는 정월 보름날에 주민들의 안녕과 평안을 비는 재우제를 지냈다고 한다. 재우제(再虞祭)는 장사를 지낸 뒤 첫 제사를 올리고 나서 첫 번째 유일(柔日)에 지내는 제사다. 그리고 오늘날에는 이곳에서 중앙대제를 지낸다고 한다.

1925~1927년에는 야학당으로 사용되었고, 1987~1988년에 전면적으로 보수·복원하여 오늘에 이르고 있다.

건물은 정면 3칸, 측면 3칸으로 구획된 내부에 우물마루를 깐 통칸의 누로 만들었다. 4면으로 간결한 난간을 돌렸고, 건물의 4면에 활주(活柱)를 세워 길게 나온 처마를 받쳤다. 구조는 잘 다듬은 4~5벌대로 쌓은 장대석 기단 위에 다시 1벌대로 된 자연석 기단을 2중으로 높여 비교적 높게 쌓았고, 그 위에 덤벙 주초석을 놓고 원형 기둥을 세웠다.

건축 양식은 무출목(無出目) 2익공 계통이며, 창방 위에는 장화반(長花盤)을 칸별로 3구씩 배치하여 화려하고 격식 있는 건물의 외관 모습을 하고 있다. 지붕틀은 5량 가구이고,

종량(宗梁) 주위에는 뜬 창방이 결구되어 있는 파련대공(波蓮臺工)을 세워 종도리와 함께 2중도리로 지붕 하중을 받쳐주고 있다. 지붕은 겹처마 팔작지붕을 이루고 있으며, 몇 차례 중수한 흔적이 있으나 당시의 누정(樓亭: 누각과 정자를 아울러 이르는 말) 건축 양식을 살펴보기에는 손색이 없는 건물이다.

재미있는 것은 현재 태안군에 거주하는 많은 외국인이 저녁이면 이곳에 모여 음식도 먹고, 노래도 부르면서 친목을 도모하는 역할을 한다는 이야기를 듣고, 다시 본래의 용도(사신 접대)와 비슷하게 사용되고 있는 것은 아닌가 하는 생각을 해본다.

앞의 내용 중 건물에 관한 이야기를 조사된 내용 그대로 옮겨 적어 용어와 단위 등이 매우 생소할 수 있을 것이다. 하지만 이를 번역하기 어려운 부분이 있기에 기회가 된다면 이런 내용을 현장에서 함께 확인해보는 과정을 통해 아주 쉽게 이해해볼 것을 추천한다.

사용하는 용어는 어렵지만, 현장에서 거의 모든 부분을 눈으로 확인할 수 있기에 그 어떤 말이나 설명 글보다 더 쉽게 이해할 수 있을 것이다.

1 태안군 경이정 전체 전경
2 태안군 경이정 지붕 구조 형태
3 태안군 경이정 기초 및 기단 모습

| 1 |
| 2 |
| 3 |

목애당(牧愛堂)

충청남도유형문화재 제138호
위치: 충남 태안군 태안읍 남문리 300-7

목애당(牧愛堂)은 조선시대 태안현의 동헌으로 사용된 건물이며, 조선 후기에 만든 것으로 추정된다. 『여지도서(輿地圖書)』「태안군 공해조」에 보면 객사 안에 정청, 동헌, 서헌, 청망, 중대청, 하마대 등이 기록되어 있으나 지금은 목애당 외에 근민당이라는 현판이 걸려 있는 내삼문과 경이정, 이들 중간에 있는 부속건물 등 4동만이 남아 있다.

없어진 건물들은 1894년에 발생한 동학농민혁명 때에 불타버린 것으로 알려졌다.

목애당 건물은 오랫동안 태안군청의 민원실로 사용되면서 뒤편으로 건물을 달아내었고, 내부도 많이 변경되었던 것을 복원했다고 한다.

'백성을 잘 다스리고 사랑한다'라는 뜻의 목애당은 2벌대로 쌓은 장대석 기단 위에 네모뿔형 주초석을 놓고 방형 기둥을 세워 정면 6칸, 측면 3칸으로 평면을 구성하였다.

공포는 무출목 초익공계로 익공은 주두와 덧물려 외부로 돌출되었고, 주초의 급단면은 직선으로 사절되어 있다.

내부는 양봉(樑奉)으로 되어 대량의 단부를 받치고 있으며, 익공 끝을 길게 돌출시키지 않고 둥글게 마감하였다. 가구는 전방 토주와 후방 평주 사이에 내고주를 세운 후 퇴량과 대량으로 결구한 일고주 오량집이며 홑처마 팔짝지붕으로 지어졌다.

1
2

1 태안군 목애당 정면 모습
2 태안군 목애당 후면 모습

목애당은 동헌으로의 역할과 함께 앞의 경이정에 사신들이 들어와 잠시 휴식과 함께 시간적 여유를 가진 후 본격적인 회의와 만찬이 진행된 곳이기도 할 것이다. 많은 건물이 없어져 그 동선을 파악하기는 어렵지만, 현재의 목애당 앞의 넓은 마당은 이런 역할을 하기 충분했을 것이라 짐작해 본다.

이 목애당의 또 다른 숨어 있는 가치 중 하나는 후면에 있는 근대건축물이다. 현재 근대역사 문화재로도 등록이 진행되고 있는 것으로 알고 있지만, 정말 잘 보존된 건물 2동이 그대로 있다.

특히 얼마 전까지 태안군 선거관리사무소로 활용되었다는 건물은 이국적인 느낌과 함께 그 작은 건물이 2층 구조라는 것이 더욱 놀랍다.

조금 안타까운 것은 최근까지 사용하다 보니 유리창 등을 보수하여 사용하면서 다소 이질감이 느껴진다는 것이다. 이 건물 앞에는 사택으로 사용된 건물이 있는데, 이 역시 근대건축물로 이곳을 찾는 사람들에게 충분한 볼거리를 제공해 줄 수 있을 것이다.

1
2

1 태안 목애당 뒤편 이전 선거관리사무소 활용 건물
2 태안 목애당 뒤편 사택 건물

　조선시대에서 근대건축물까지를 한 번에 보면서 문득 드
는 생각이 있다. 오늘이 지나고 나면 내일 보는 오늘은 과거
가 된다.

　오래된 우리 주변의 문화재에 대한 가치를 다시 생각해볼
필요가 있을 것 같다. 우리 민족은 긴 역사와 함께 우리 주변
에 많은 볼거리, 먹거리, 즐길거리를 남겼다. 특히 우리 주변

에 남아 있는 고건축물은 여행의 이정표 역할을 한다.

하지만, 그 문화재가 우리의 긴 역사를 담고 있다는 이야기가 피부로 와닿기는 쉽지 않다.

나는 문화재전문위원으로 경이정과 목애당을 자주 찾았고, 태안군의 '태안읍성 발굴 현장'을 통해 알게 된 것은 꼭 우리 눈으로 보이는 문화재만이 전부가 아니라는 점이다. 그 아래 발굴지가 정말 우리 역사를 담고 있는 '역사의 나이테'라는 가치를 경험할 수 있어 경이롭고, 조상의 땀과 노력을 느낄 수 있었다.

태안읍성 발굴조사 현장

최근 발굴된 태안읍성은 조선시대 축성된 곳으로(충남기념물 제195호) 문지, 옹성, 해자, 수로 등이 확인되었다. 동쪽 문이 있던 동문지와 적의 공격을 막기 위한 옹성, 성의 방어력을 높이기 위한 해자가 확인되었다. 성벽 몸체인 바깥으로 수로가 확인되었고 조선시대 분청사기와 백자, 기와, 상평통

보, 건륭통보 등도 출토되었다고 한다.

태안군은 이번 발굴조사 이후 복원설계 용역과 사례 조사, 전문가 자문 등을 거쳐 복원 공사에 들어간다는 방침이니 멀지 않아 태안군에서도 읍성을 보게 될 것 같다.

이 근처는 경이정(충남도 지정 유형문화재 제123호), 목애당(제138호), 태안동학농민혁명기념관, 태안향교 등과 연계할 때 지역에서 보기 힘들 정도의 넓은 역사관광자원이 개발될 것으로 예상된다.

이 태안읍성은 1417(조선 태종 17년)에 축조된 조선 초기 읍성 축성기법을 확인할 수 있는 중요한 유적이며, 둘레가 1,561척(728m) 정도라고 전해지나 일제강점기를 거치면서 상당 부분 훼손돼 현재 태안읍성행정복지센터 주변으로 동쪽 성벽 일부(144m)만 남아 있다.

발굴 현장을 방문하여 엄청난 크기의 기초석과 석회 등을 섞어 땅을 다짐으로 해서 생긴 흙의 층(나이테 모양)을 통하여 긴 역사 속에 관련 지역이 지속적으로 관리되고 유지되었던 사실을 확인할 수 있었다.

1 태안읍성 발굴 현장 기초석 모습
2 태안읍성 발굴 현장의 켜켜이 다져진 지층

너에게 들려주는 우리 이야기

이런 값진 사진을 통해 우리 문화재가 있는 땅속의 궁금증을 조금이나마 이해하는 데 도움이 되었으면 한다.

아마 이번 복원 작업도 먼 후대에 이곳을 다시 정비할 때 이전의 기초석과 나이테 흙층이 잘 보존되고 그 위에 한 층이 더 올라가는 모습, 그것이 역사의 연속성은 아닐까 생각해본다.

태안향교(泰安鄕校)

충청남도 문화재자료 제198호
위치: 충남 태안군 백화1길 7

향교(鄕校)는 공자와 여러 성현께 제사를 지내고 지방민의 교육과 교화를 위해 나라에서 세운 교육기관이다. 전국의 많은 향교와 같이 태안향교 역시 제사를 지내는 공간인 대성전과 동무·서무, 교육 공간인 명륜당, 학생들의 기숙사인 동재·서재, 내삼문과 외삼문 등의 건물이 남아 있다.

대성전 안쪽에는 공자를 비롯하여 모두 39명의 위패를 봉

안하는데, 한국인 18위, 중국인 21위이다.

태안향교는 1975년 2월 5일 충청남도 문화재자료로 지정되었다가 1997년 12월 23일 충청남도 기념물로 변경되었다. 1407년(태종 7)에 대장군 김중구(金仲鉤)가 사양동(현재의 샘골 지역)에 모옥(茅屋)으로 향교를 세우고 덕산에서 생원 최상운(崔尙云)을 학사로 맞은 것이 향교의 시초이다(자료: 두산백과 두피디아).

1981년 10월 대웅전 보수 중에 상량보에 '숭정기원후이강자(崇禎紀元後二康子)'라는 기록이 발견되어 1720년(숙종 46)에 현재 자리로 이건(移建: 건축물 따위를 옮겨 짓거나 세움)하였음을 알 수 있다. 1901년과 1916년에 중수하였다.

대성전(大成殿)은 정면 3칸, 측면 3칸의 겹처마 맞배지붕이다. 전면 1칸을 개방하여 전퇴(前退: 집채의 앞쪽에 다른 기둥을 세워 만든 조그마한 칸살)를 조성한 개방형 구조이며, 창호는 정면 3칸에 모두 쌍여닫이문을 달았고 내부에 우물마루를 깔았다.

자연석 2장의 기단 위에 전면 기둥 열에는 둥글고 넓은 주춧돌을, 두 번째 기둥 열에는 직사각형 모양의 주춧돌을, 그 뒤에는 덤벙주춧돌과 직사각형 모양의 주춧돌을 혼합하여 놓고 그 위에 둥근 기둥을 세웠다.

공포(처마 끝의 하중을 받치기 위해 기둥머리 같은 데 짜 맞추어 댄 나무 부재)는 무출목 2익공 양식이며, 가구(架構)는 1고주 7량 집으로, 대들보 윗부분에 뜬창방이 결구 된 사다리꼴 대공을 설치하여 종도리와 옥개의 무게를 받쳤다.

명륜당(明倫堂)은 정면 5칸, 측면 2칸의 홑처마 팔작지붕이다. 중앙 3칸에는 우물마루를 깔았으며, 양쪽 1칸씩에는 온돌방을 들였다. 전면 기둥 열에는 낮고 둥근 주춧돌을, 뒷면에는 원형주좌가 조각된 주춧돌을 각각 놓고 둥근 기둥을 세웠는데, 공포는 무출목 1익공이다. 가구는 2중량 가구이며, 대들보 윗부분에는 파련대공을 설치하여 종도리와 옥개의 무게를 받쳤다.

태안향교에 더 많은 건물도 있지만, 향교라는 건물이 우리 주변에 잘 보존된 곳이 많고 설명도 잘되어 있기에 그 세부 사항을 나열하는 것보다 이 태안향교만의 이야기를 해보려 한다.

태안향교에서도 잘 보이고 태안마애삼존불이 있는 곳으로 유명한 백화산이 있다. 이 산은 멀리서 보기에도 바위산의 모습이다. 아마 태안 인근의 많은 옛날 건물이 이곳에서 운반한 돌을 이용하여 건물의 기초석으로 사용했을 것이다.

태안향교와 같이 나라에서 건립하는 지방 공공건물의 경우 전문 목수나 석공 등이 전체 건물을 짓는 것이 아니라 비슷한 일을 하는 사람들이 징집되어 일했는데, 이곳 태안의 경우 배를 만드는 조선공(造船工)이 나라의 부름을 받고 돌을 깎아 기초석이나 기둥을 만드는 일을 했다고 한다. 이렇게 본인의 일도 아닌 것을 강제로 하게 되면 처음에는 불만이 많았을 것이다.

하지만 1달이 지나고 2달이 지나면서 이 일이 끝나야 본업으로 돌아갈 수 있다는 마음이 들 때, 그때부터는 기술자로서 사명감이 생겨 돌을 다듬는 실력이 달라졌다고 한다.

충남 태안군 태안향교 대성전 모습

그 사례를 태안향교 대성전에 사용된 기둥을 통해 알 수 있다고 한다. 특히 대성전으로 들어오는 작은 문에 사용된 8각형 돌기둥의 경우 기단과 기단 사이에 끼울 수 있도록 8각형 기둥 아래 4각형 기단 모양이 일체로 된 형태를 보인다.

이것이 옛날 석공들이 전통적으로 만든 모양으로 건물에 구조적 안정감을 주고 실제 나무가 뒤틀어지거나 지진 등이 발생해도 건물이 안전할 수 있도록 해주는 역할을 한다.

또한 대성전 앞의 목제 기둥 아래 둥근 돌기둥의 경우 정면은 높이가 다소 낮고 건물 뒤쪽은 꽤 높게 만들어진 것을 볼 수 있는데, 이것 역시 옛날 모습을 잘 가지고 있는 사례다.

건물 앞쪽은 처마가 길게 나가기 때문에 습기에 약한 나무에 물이 튀는 정도가 작아서 낮게 했고, 처마가 길지 않은 뒤쪽은 거의 건물 중간 정도까지 돌기둥 높이가 높아 물에 약한 목제 기둥이 물이나 습기에 썩지 않도록 하려는 우리 조상들의 건축 기술이 숨어 있는 것을 알 수 있다.

1 대성전 건물 뒤쪽 돌기둥 및 지지대 모습
2 대성전 들어가는 작은 문 돌기둥 모습

5.

미내다리와 원목다리

충남 논산시

노블리스 오블리제의 따뜻함이 함께하는 '미내다리' 이야기

충청남도 지정 유형문화재 제11호
위치: 충남 논산시 채운면 계백로250번길 58-13

논산에 가면 꼭 보고 와야 하는 다리가 있다. 이는 한 도시의 영광과 쇠락을 모두 지켜본 강경의 '미내다리'와 '원목다리'를 이야기하는 것이다.

논산에는 자매처럼 닮은 두 개의 3경간 무지개다리가 있는데, 강경에 있는 미내다리가 언니고 채운면에 있는 원목다

리가 동생이다. 둘 사이 직선거리는 약 2.7㎞ 정도다.

같은 지역에 유사한 무지개다리가 만들어진 것으로 보아, 같은 기술진이 축조했을 것으로 예상된다. 『은진미교비(恩津渼橋碑)』에는 "미내다리가 1731년(영조 7년)에 축조되었다"라고 기록되어 있다고 한다.

논산에 가면 3가지는 꼭 보고 와야 한다는 지역의 명소가 있다고 한다. 그 하나가 관촉사 '은진미륵'과 다른 하나는 개태사 '가마솥', 그리고 강경 '미내다리'라고 한다. '미내다리'는 논산을 대표하는 명소이며, 의미하는 바가 크다.

미내다리는 호남의 길목에 있다. 강경은 전라도와 충청도가 만나는 곳이다. 이곳은 금강이 흘러 물길이 발달했다. 그로 인해 조선 3대 시장으로 명성이 자자했으며, 물품이 풍부하고 장사가 잘되니 사람이 몰려들었다. 사람의 왕래가 잦아지자 강경을 가로지르는 하천에 다리가 필요했다. 그래서 생긴 다리가 강경의 자랑 미내다리다.

미내다리는 강경으로 들어서기 전에 강경천 왼쪽 제방을 1㎞쯤 따라가면 제방 밑으로 홍예교가 나타나는데 3개의 홍예형(무지개 모형) 돌다리로 크기는 길이 30.6m, 너비 2.8m, 높이 4.5m 규모다. 조선시대 삼남 제일의 다리로 전라도와 충청도를 이어주었다.

옛날 강경천을 '미나' 혹은 '미하'라고 해서 '미내다리'라 불렀다고 한다. 처음에는 '평교'였지만 지금은 아름다운 무지개 모양을 한 '홍예교'다. 예교의 모양은 3개 중에 가운데는 크고 남북 쪽이 약간 작다. 홍예의 정상에는 용머리를 새겨 놓았다.

은진미교비가 지금은 부여국립박물관에 있는데 비문에 의하면 이 다리는 1731년(영조 7년) 강경촌에 살던 석설산, 송만운 등이 주동이 되어 공사에 노력한 지 1년도 안 되어 완공하였다고 한다.

다리가 생긴 후 정월 대보름 만월 때, 자기 나이만큼 이 다리 위를 건너다니면 자기에게 주어진 모든 액운을 면하게 된다고 하여 이 다리 위를 오가는 풍습이 생겼다고 한다.

미내다리는 오랜 역사와 함께하면서 그 나름의 내려오는 전설도 가지고 있다. 이 또한 다리를 온전히 지켜내기 위한 내용이라 흥미롭다.

미내다리를 만들려고 두 청년이 마을마다 십시일반 돈을 걸으러 돌아다녔다. 이렇게 모은 돈으로 튼튼한 다리를 놓고 보니 돈이 남아서 고민되었다. 두 청년은 궁리 끝에 먼 훗날에 다리가 부서지면 남은 돈으로 고치기로 하고 깜깜한 밤에 아무도 모르게 다리 근처에 돈을 묻었다.

그 뒤 몇 해가 지나도 다리가 부서지지 않아 마을 사람들은 두 청년을 훌륭한 기술자라고 칭찬하였다. 그러던 어느 날 한 청년이 병을 앓게 되었는데 백약이 무효였다. 병이 위독하다는 소식을 듣고, 또 다른 청년이 병문안을 갔다. 그리고는 다리 아래 묻어둔 돈이 생각나 먼저 그 돈으로 친구의 병을 고치려고 땅을 파보았다.

하지만 아뿔싸, 돈이 없어졌다. 청년은 "그 친구가 나 몰래 돈을 훔쳐 갔구나"라고 생각했다.

날이 지나 병든 청년은 병이 더 깊어져 큰 구렁이로 변했다. 식구들이 깜짝 놀라 별짓을 다 해보았지만 소용이 없었다. 마침내 그 구렁이는 미내다리 밑으로 들어갔다. 이 사실을 모두 안 동네 사람들은 침을 뱉으며 구렁이를 욕했다. 사람들이 그 다리를 사용하지 않게 되자 다리도 점점 땅속에 묻혀버렸다.

몇 년이 흘러 한 농부가 집을 지으려고 미내다리의 돌을 빼는데, 갑자기 하늘이 컴컴해지고 천둥이 쳐서 미내다리 돌을 다시 가져다 놓자 하늘이 다시 맑게 개었다. 그 뒤로는 미내다리 돌은 구렁이 돌이라 하여 가져가는 사람이 없게 되었다고 전한다.

아마도 이 전설은 아무도 모르게 다리의 돌을 빼다 쓰면 다리가 무너질까 하는 경계와 걱정에서 시작되어 만들어진 전설로 보인다.

또 다른 이야기는 따뜻함이 함께하는 논산 미내다리 이야기다. 『은진미교비』에 보면 다리를 만드는 책임이 그 지역 수령에게 있는데, 수령들은 그 책임을 중들에게 맡기고 자기들은 힘쓸 임무를 망각하고 마음도 쓰지 않았다고 한다.

강경 사람인 동지 석설산과 참지 송만운이 이를 슬퍼하며 떨치고 일어나 뜻을 세워 서로 일러 말하되 "우리가 어찌 물에 빠져 죽을 사람들과 바지 걷고 물을 건너는 사람들을 보고만 있을 것인가. 위에서 수레로 사람을 건넘이 없으니 아래로는 우리 책임이다" 하고 재물을 거두어 모으기 시작한 지 일 년이 채 못 되어 관에 의지하지 않고 다리를 건설하였다고 적혀 있다.

또 다리 놓는 일이 시작되자 황산에 사는 첨지 유부업과 중경원의 설우, 여산의 강명달과 강지평이 잇달아 일어나 협조하였다고 한다.

『은진미교비』의 마지막에는 "아! 일곱 사람은 다리와 더불어 같이 행복할지어다"라고 끝맺고 있다. '미내다리'는 노블리스 오블리제를 실천한 다리다. 노블리스 오블리제는 높은 사회적 신분을 갖은 사람들이 좋은 일에 앞장서는 것을 뜻한다.

조선 후기 정치적으로나 경제적으로 문란했던 조정은 천변에 다리를 놓아줄 만한 여력이 없었을 것이다. 옛날 강경에 살면서 가난한 백성의 고단한 삶을 조금이나마 도와주려고 했던 이 지역 유지들의 따뜻한 마음이 전해지는 듯하다.

마지막으로 번성하던 강경을 잇는 미내다리의 역할에 대하여 설명하고자 한다.

옛 지도를 보면 미내다리가 있던 강경천은 구불구불한 사행천(蛇行川: 뱀이 기어가는 모양처럼 구불구불 흘러가는 하천)이다. 일제강점기 수로를 정비해 굽은 강을 곧게 펴는 공사로 인해 제방 위치가 변했다. 다리는 제방 안쪽 제내지(堤內地: 하천 제방에 의하여 보호되고 있는 지역)에 방치되어 관리가 부실해지고 여기저기 무너져 내렸다.

1998년 해체하여 복원에 착수했다. 사라진 부재를 새로 만들고, 강경천 고수부지 제외지(堤外地)로 이전했다. 2003년에 이르러 복원을 마친 모습이 현재의 모습이다.

옛날에 이 미내다리를 건넌 물품이 강경포구에 모였다. 강을 타고 충청 내륙으로, 바다를 통해선 서해안 곳곳으로 실려 나갔을 것이다. 금강으로 들어온 해산물은 강경포구에서 보부상들 손을 거쳐 전라도와 충청도 곳곳에서 사람들 밥상까지 올랐을 것이다.

최초 미내다리는 평교(평평한 다리)라 지금의 다리와는 차이가 있었을 것이다. 하지만 지금의 미내다리는 남에서 북으로 흘러 금강에 합류하는 강경천 동서 방향을 잇는다. 가운데 무지개 틀을 양옆보다 높게 만들어, 다리 전체 형상을 미인의 눈썹처럼 굽어지게 했다.

무지개 틀 쐐기돌이 귀틀돌 밖으로 돌출되어 정점에서 멍엣돌 역할을 한다. 벽석에 결구된 멍엣돌도 밖으로 튀어나와 있다. 여기에 귀틀돌을 결구시켜 눈썹 모양으로 미끈하고 아름답게 곡선을 탄생시켰다. 상판은 돌로 우물마루를 깔았다.

가운데 무지개 쐐기돌 형상도 독특하다. 선암사 승선교처럼 궁륭엔 아래로 돌출된 돌이 보인다. 모양이 훼손되어 정확한 모습을 확인하긴 어려우나, 귀면(鬼面)으로 추정된다.

벽석 밖으로 돌출된 쐐기돌 한쪽 끝에도 알 수 없는 동물 형상이 새겨져 있다. 눈은 장승이고 코는 뭉툭하며, 얼굴 양 옆으로 귀와 갈기를 새겨 넣었다.

혹자는 호랑이라고 말하고 또 누구는 '귀면와(鬼面瓦)'에 새겨진 도깨비로 보기도 한다. 도깨비를 새겨 재앙을 막고 잡귀와 병마(病魔)의 침범을 막아주길 빈 것으로 추정된다.

북쪽 무지개 틀 쐐기돌 한쪽 끝엔 용머리를 새겨 넣었다. 혹자는 '미내'와 용을 상징하는 우리말 '미르'를 연계하여 말하기도 한다.

	1	
2	3	
	4	
5		

1 논산 강경 미내다리 정면
2 미내다리 용 조각
3 미내다리 상판의 모습
4 돌을 정성껏 쌓은 다리
5 곡선이 아름다운 미내다리

원목다리

앞에서 미내다리의 자매 다리로 소개한 전라·충청 수부를
잇는 '원목다리'에 대하여 소개해보고자 한다. 수부(首府)란
한 도(道) 안에서 감영(監營)이 있던 곳을 말한다.

원목다리는 의자왕이 많은 꽃을 심고 즐겼다는 채운면
야화리에 있다. 전라도와 충청도의 수부(首府)인 전주와 공
주 최단 거리 길목으로 방축천을 잇는 다리다. 야화리는 저
잣거리가 번성했을 개연성이 높은 마을이다. 현재 모습을
보아도 그랬을 것이라고 짐작하게 한다.

원목이라는 다리 이름도 '간이역원'과 '길목'이 합성되어
만들어졌다. '원항(院項)다리'라고도 부른다. 길이 16m, 높이
2.8m, 너비 2.4m의 아담한 규모다.

3경간 무지개다리로, 가운데 무지개 틀이 양쪽보다 약간
높다. 미내다리와 비슷한 모습이다. 가운데 무지개 쐐기돌
을 귀틀돌 밖으로 내밀어, 양 끝에 용의 얼굴을 새겼다. 멍엣
돌을 결구시켜 상판을 만들었으나 바닥은 흙을 다졌다. 후
대에 변형된 것으로 추정된다.

상판 곡면은 둔탁한 편이다. 유려한 미내다리 곡선엔 미치지 못하지만, 하천이 좁고 하상 깊이 차이가 미내다리와 다른 모양을 만들어냈다. 벽석은 자연에 있는 막돌이 주를 이루고, 일부 다듬은 돌들도 섞여 있다.

가지런한 미내다리 벽석보다 훨씬 정감이 가는 수수한 모양새다. 미내다리가 세련된 양장에 멋을 부린 신여성이라면, 원목다리는 수수한 무명옷에 수줍은 미소를 짓는 순수한 시골 처녀라 할 만하다고 평가하기도 한다.

강경의 영광과 쇠락을 모두 지켜본 두 다리는 곧 논산 강경의 역사라고 할 수 있다.

서해를 오르내리는 갖은 물품이 강경으로 모인다. 내륙 하천이 있는 항구로 원산과 더불어 조선 2대 포구이며, 대구·평양과 더불어 조선 3대 시장으로 이름을 떨쳤다. 백여 척 이상 커다란 상선(商船)이 늘 드나들고, 하루 1만여 명 상인들이 북적였다.

전라·충청 내륙의 물품과 서해·남해에서 잡힌 물고기들이 주요 품목이다. 중국으로 들고 나는 물건들도 매우 흔했다. 강경에선 구하지 못하는 물건이 없고 육로와 수로, 해로를 이용하기에 최적의 도시였다.

1899년 호남평야에서 미곡(米穀: 쌀을 비롯한 갖가지 곡식)을 강탈하려는 일본이 군산을 개항시킨다. 강경 항구의 기능을 확대하는 데 군산 개항도 큰 몫을 한다.

하지만 그것도 잠시, 1905년 을사늑약과 함께 경부선이 가설되자 물을 이용하던 물류 흐름이 급격히 철도로 옮겨 간다.

그 중심에 대전이 있다. 그런데도 대전과 가까운 강경은 이전 도시 기능을 비교적 잘 유지했다. 하지만 강경 주변에도 급격히 철도가 늘어났다. 대전~강경선(1911), 익산~군산선(1912)에 이어 1914년 호남선이 완공되었다.

이로 인해 강경의 항구 기능이 급격히 퇴화하기 시작했다. 낙후되고 느린 선박이 빠른 철도를 따라잡을 순 없었다. 결정적으로 1931년 장항선까지 개통되었다.

한국전쟁 때 강경의 시가지 70% 이상이 파괴되어버린다. 차가운 경제 논리는 쇠락한 포구에 눈길조차 주지 않았다. 재개발 또는 추가 개발이 안 된 것이다. 이제 바닷가 작은 포구만도 못하게 되었다. 1970년대 중후반을 전후하여 국제항 기능을 하던 군산항도 급격히 퇴화해간다.

막대한 퇴적토가 항로에 쌓여, 큰 배를 접안시키기가 점

논산 채운면 야화리 원목다리 모습

차 힘들어진다. 두 도시의 항구 기능이 덩달아 쇠락해간다. 강경으로 몰리던 물품이 급격히 줄어들면서 포구로서 근근이 명맥을 유지하는 처지로 전락한다. 여기에 1990년 금강 하구를 둑으로 막아버림으로써, 강경은 하항(河港) 기능을 완전히 상실해버리고 만다. 젓갈 등 일부 특화된 물품으로 옛 명성을 유지하는 한적한 도시로 퇴락하고 말았다.

강경은 전라도와 충청도의 으뜸 도시였으며, 전주와 공주를 연결하던 길에 미내다리와 원목다리가 있었다.
다리는 강경으로 들고나는 모든 물품의 흐름과 사람의 발길, 역사의 무게를 지탱해오던 지역의 상징적인 존재였다.

3장

강의 명칭 속에 담긴
우리 이야기

이름에서 찾을 수 있는 다양성과 역사성

'회귀본능(回歸本能)'이란 말이 있다. 물고기가 다른 곳에서 성장하다가 자기가 태어난 곳으로 다시 돌아가 알을 낳는 습성이다. 꼭 물고기가 아니라도 사람도 그렇고, 다른 동물에게서도 나타나는 특징 중 하나다.

이는 꼭 그 장소로 간다는 표현보다 자기가 생각하는 고향과 비슷한 곳에서 노년의 삶을 살고자 하는 귀향의 꿈도 비슷한 것이 아닐까 한다.

사람에게 고향은 부모님 다음으로 그리운 곳이고, 또 에너지를 얻는 곳 중 하나일 것이다. 크게 자랑할 것이나 뽐낼 것이 없어도 그곳에서 살았다는 공감대와 동질감만으로 가장 작은 단위의 '우리'가 될 수 있는 곳이다.

그런 고향 중 내가 자란 곳은 동네 이름도 몇 개를 가지고 있고, 마을 앞을 휘어 흐르는 강도 몇 개의 이름을 가지고 있다. 어려서 어른들에게 대충 들어 알고 있던 이 강 이름이 나중에 여러 자료를 보니 아주 심오하고, 역사적 사건과도 밀접한 연관성이 있는 의미 있는 장소임을 알게 되었다.

마을이나 강의 명칭을 논하기 전에 나도 2개의 이름을 가지고 있는데 그 사연을 먼저 말해보고 싶다.

나의 공식적(주민등록상)인 이름은 할아버지께서 지어주신 '조도영(趙都英)'이다. 나라 조(趙), 도읍 도(都), 꽃뿌리 영(英)으로 '나라의 도읍을 꽃피울 인물'이 되라는 의미가 아닐까 한다.

하지만 집안의 족보와 할아버지, 할머니 묘소의 상돌에는 '조창영(趙彰英)'이란 이름으로 적혀 있다. 밝을 창(彰)에 꽃뿌리 영(英)으로 '나라를 밝히고 꽃피울 인물'로 해석될 수 있다. 창영이란 이름은 할아버지의 친구분이셨던, 유학(儒學) 대가(大家)로 불리시는 분으로 우리는 '부잣집 할아버지'라고 불렀는데 이분이 나에게 지어주신 이름이다.

유학자로서 친한 친구의 손자에게 이름을 하나 지어주시는 친근함의 의미와 함께 샤머니즘 측면에서 손이 귀한 집(할아버지, 아버지 모두 독자)의 자손이라 이름을 몇 개 가짐으로써 귀신을 헷갈리게 할 목적이라는 웃지 못할 이유도 있었다.

이런 내가 자란 동네(마을)도 이름을 몇 가지 가지고 있었는데, 그 내용이 흥미롭다.

어려서는 '벌미'라고 주로 들었지만 커서는 '관산', '용관' 등이 더 공식적인 명칭임을 알았다. 정확히 우편 주소로는 '용관동' 이후 지번 번호가 들어가는 주소를 사용하였지만 정작 '용관'이란 이름의 인지도가 동네 사람들 사이에서는 제일 낮았다.

'용관동'이라는 지명은 충주시 남쪽 가장자리 일부분으로 1914년 행정구역 폐합에 따라 두담리(斗潭里)와 용두리(龍頭里), 관산리(觀山里)의 각 일부를 병합하여, 용두와 관산의 이름을 따서 용관동이라 하여 읍내면에 편입되었다고 한다.

용두동에서 용이 승천할 때, 용을 본 마을이라 해서 용관동이라 했다는 전설도 있다. 특히 내가 살던 동네는 두루봉이라는 산의 서남쪽에 위치해 '농토가 볼 것 없으나 산은 아

름다워 볼만하다'라는 표현으로 볼뫼, 즉 관산(觀山)이라는
의미의 '벌미'라는 이름으로 많이 불렸다.

거기에 동네 사람들 사이에서는 '죽'자가 더 붙여져 '죽벌
미'라고 불렸는데, 보릿고개에 논이 적어 쌀밥을 못 해 먹고,
밭에서 나는 식물로 죽을 쑤어 먹을 정도로 가난했다는 이야
기가 전해진다.

1 관산(벌미) 마을 간판석 모습
2 관산마을 유래 내용

최근에는 강에 얽힌 이야기가 많던 고향 마을에 얼마 전에는 산성이 발견되었다는 이야기를 들을 수 있었다. 그런데 그곳이 어려서 동네 친구들과 총싸움하고 삐라를 줍고 놀았던 우리 놀이터라는 것을 알고 새삼 웃음이 나왔다.

그때는 누가 이렇게 산 정상에 돌을 쌓아놓았을까 하는 정도였는데, 이곳이 충주 용관동 산성이라고 한다. 이는 달천강변의 작은 산성으로 척후(斥候: 적의 형편이나 지형 따위를 정찰하고 탐색함)와 길목을 차단하기 위한 작은 '관방(關防: 변방의 방비를 위하여 설치한 요새) 산성'이라고 한다.

자료에 의하면 용관동 산성은 계립령(충청북도 충주시 수안보면 미륵리와 경상북도 문경시 문경읍 관음리 사이에 있는 고개)을 지키기 위해 축조한 월악산의 덕주산성, 월형산의 와룡산성, 충주의 대림산성 등과 남한강과 충주성을 왜적으로부터 방어하는 조령관문과 달리 충주성을 지킨다기보다는 달천 유역의 충주철산을 수호하거나 보련산성과 장미산성의 전초기지로 축조한 것으로 추정할 수 있다고 한다.

남한강을 따라 축조된 온달산성, 적성산성, 망월산성처럼 북방에서 내려오는 군사를 정탐하고 방어하기보다는 달천강을 따라 북방으로 올라오는 길목을 관찰하는 위치이기에 강 건너의 대림산성과 남산성과는 그 목적을 달리하는 것으로 추정된다.

용관동의 국사봉 북서측 주변의 지명유래에서 산정, 독정, 만정 등이 나타나는데, 이 지명은 철을 채취한 광산의 웅덩이를 일컫는 것으로 전해지는 것과 함께, 산정마을(산우물)의 지형은 자연 상태에서도 지하수가 용수하는 곳으로 '군사들의 주둔지'나 '충주철산'의 제련지로 볼 수 있는 곳이라는 평가도 있다.

또한 '용관동 산성'이 있는 소댕이산은 '국사봉'이라고도 하는데, 국사봉이라고 지칭하는 지명은 대개 왕이 머무른 곳을 지칭하기에 더 견고하고 높게 축조되어 관리된 것으로 추정되지만, 삼국 분쟁이 끝난 후에는 남한강과 충주철산에 대한 분쟁이 없었기에 더 이상 관리되질 못하고 주변 산성의 보루(적의 침입을 막기 위해 튼튼하게 쌓은 시설물로, 주로 소규모 성곽)로 전락한 것으로 추정된다.

이 이야기를 접하고 난 후, 어려서 할아버지와 아버지께

1 관산(벌미) 마을 위치도
2 관산마을 국사봉 정상 부근 성곽 모습

서 들려주셨던 옛날이야기가 역사적 내용과 일부 일치하는 것을 알게 되었다.

특히 내가 사는 곳이 옛날에 왕이 살던 곳, 또는 왕이 국사봉에 올라 충주 일대를 시찰했다는 가능성이 크다는 것을 알고 많이 놀랐다. 또한 역사적으로 의미 있는 곳에서 살았다는 자부심도 생긴다. '관산'이란 마을이 철과 관련되었다는 것을 알고 최근 마을에 철 스크랩 및 자원재활용 업체들이 생기는 것을 보며, 동네가 가지고 있는 이름과 연관성이 있는 것은 아닐까 하는 생각을 혼자 해본다.

2.

한 개의 강이 다양한 이름을 갖게 된 이유

충주(忠州)라는 지역이 가지는 가치 중 물과 강이 차지하는 부분은 매우 크다. 한강으로 흐르는 남한강이 대표적이지만 그 지역 안에서는 다시 강이 구분되고, 불리는 명칭도 다양하다.

그 가운데 내가 살던 곳의 강은 달천(達川)강, 달래강, 달강, 달내강 등 하나의 강이 여러 이름을 가지고 있다. 달천강은 충주시 수안보면 석문동천 합류점에서 국가하천이 되고 충주시가지 서쪽 탄금대 서쪽에서 한강(남한강)에 유입된다.

'달천'은 우리말의 '달내'를 적기 위한 것이며, 앞의 강 이름들은 파생된 말로 보는 견해가 있다. 달천에 대한 유례는

여러 가지가 내려오지만 여기서는 대표적인 네 가지로 정리
해보았다.

　첫째는 물맛이 좋아 '단냇물'이 '달냇물'로 된 것인데 '달 감
(甘)' 자를 붙인 것으로 전해진다. 즉, 물맛이 달아서 '달천'이
되었다는 견해다. 고려 말 조선 초의 학자 이행(李行)은 우리
나라 물맛을 '충주 달천의 물맛이 제일이고, 한강의 우통수
가 둘째고, 속리산 삼타수가 셋째다'라고 하였다.
　이것은 고려사 『기우자집』과 권근의 『양촌집』 「기우설」 등
에 기록되어 있다. 임진왜란 때 명나라 장수 이여송이 달천
을 지나다가 물맛을 보고 '이 물은 중국 여산(루산산)의 발물
과 같다'라고 하여 『동국여지승람』, 『택리지』 등에 기록되어
있는데 중국 여산의 발물은 중국 제일의 물로 알려져 있다.
　충주시 달천동은 달신, 단신, 이부, 송림리가 합병된 이름
이며 '달고 달다'라는 뜻의 단월동과 단호사 등 명칭의 의미
가 남아 있다. '달내'의 유래는 '들판(모시래뜰)을 흘러내리는
강'이라는 뜻에서 유래되었다는 설도 있다. 상류에는 단물을
뜻하는 감물면, 감물리가 있다.

　둘째는 형제 설로, 형 내외와 동생이 달천을 건너 농사를

지었는데 형이 갑자기 죽게 되자 형수와 시동생이 농사를 짓게 되었다. 비가 와서 강물이 불으면 형이 했던 것처럼 시동생이 형수를 업고 강을 건너곤 했는데, 어느 날 남근이 발동한 것을 두고 형에게 씻을 수 없는 죄를 지었다는 죄책감에 자결하고 말았다.

이 사실을 알게 된 형수가 "달래나 보지" 하며 슬피 울었는데, 지나가던 마을 사람들이 이 소리를 듣고 '달래강'이라 부르게 되었다고 한다. 달래강 중간에는 바위 2개가 있으며 송림 서쪽 강가에 형제처럼 나란히 서 있는 형제 바위가 지금도 있다.

셋째는 누나 설로, 어느 날 남매가 이곳을 지나다가 소낙비를 만났는데 비에 젖은 옷이 몸에 달라붙은 누나의 여체를 본 동생이 욕정을 강하게 느낀 자신을 저주하며 남근을 돌로 끊어 자결했다.

이 사실을 알게 된 누나가 "달래나 보지" 하며 슬퍼하였으므로 달래강이라 부르게 되었다고 한다. 한편에서는 형제 설처럼 누나를 업고 강을 건너 농사를 지었다고도 한다.

넷째는 달천의 '달'이 수달(水獺)을 뜻하는 것으로 보는데,

지도로 보는 달천강(달천대교 중심)

이 강에 수달이 많이 살아서 수달래강이라 부르기도 하였다는 설이다.

인근에 수달피 고개가 있으며, 달천강 서쪽 물가를 '물개 달래'라고 부른다. 옛날 충주 고을의 진상품 중 수달을 조정에 진상했다는 기록도 있다.

달천강이 한강에 합류하는 곳인 탄금대는 신라 진흥왕 때 가야국의 악사 우륵(于勒)이 신라에 귀화하여 제자들에게 가야금을 가르쳤다는 곳이다. 임진왜란 때 순변사 신립(申砬) 장군이 8천여 병사와 함께 이곳에 배수진을 치고 북상하는 왜적을 맞아 싸웠으나 순절한 곳이기도 하다. 또한 세조가 목욕했다는 복천암, 수안보온천, 문장대 등도 인근에 있으며 다 물과 관련된 곳이라 할 수 있다.

앞의 4가지 이야기는 다시 한국학중앙연구원『향토문화전자대전』에서 「달래강 이야기」라는 내용으로 정리되어 있다. 여기에는 달래강을 덕천·달천·달천강 등으로도 부르게 된 각각의 이유가 담겨 있다. 한편 1976년 문화공보부에서 간행한『한국민속종합보고서』충북 편에는 옛날 남매의 슬픈 이야기가 달래강의 명칭과 결부되어 전승되고 있음을 밝혀놓았다.

「달래강 이야기」의 채록 및 수집 상황은『고려사(高麗史)』, 『택리지(擇里志)』,『중원향토기』등에서 흔적을 발견할 수 있으며, 1982년 충청북도에서 간행한『전설지』에 완편이 수록되어 있다. 1981년 충주시에서 발행한『내고장 전통 가꾸기』와 2002년 충주시에서 발간한『충주의 구비문학』에도 각각 수록되어 있다. 특히『충주의 구비문학』에서는 「물맛 좋은 달래강」이라는 제목으로 수록되어 있다.

그 주요 내용을 보면, 충주의 관문인 달천대교를 건너면

서 남북으로 흐르는 대하가 달래강(달천)이다. 조선시대 월
정사의 주지가 벌미 마을에 시주를 왔는데, 어느 대문에 들
어서 시주의 뜻을 받은 주인이 시미를 발에 넣는데 얼굴에
죽음이 드리워 있었다. 이를 말하자 죽음에서 헤어날 방도
를 알려달라고 애걸하였다.

스님은 "활인지덕을 쌓아야 한다"라며, "다리가 없는 강에
다리를 놓아 월천지덕을 하면 목숨을 구제받을 수 있다"라고
하였다. 이에 돌덩어리를 가져다 징검다리를 놓았는데 무려
아홉 달이나 걸렸다. 아홉 달 되던 마지막 날 병자를 업은 노
인이 징검다리 앞에 서 있었다. 그가 급히 달려가 병자를 건
네주었다. 뒤따라오던 노인이 "과연 덕을 입은 강이로다"라
고 하였다. 그 후 '덕을 입은 강'이라 하여 '덕천'으로 불리게
되었다.

다른 설화에는 임진왜란 때 이여송 휘하 장수가 이곳을
지나다가 물맛을 보고 그 물맛이 좋아 '달천(甘川)'이라 불렀
다고 한다. 『동국여지승람(東國輿地勝覽)』에는 이 강에 수달이
많아 '달천(獺川)'이라 부르게 되었으며, 이로 인해 '달천강'으
로 불려오다 '달래강'으로 불리면서 오늘까지 전해지고 있다
고 소개되어 있다.

또 다른 내용은 앞의 세 번째 이야기인 옛날 오누이가 이 강을 건너다 소나기를 만난 이야기로, 얇은 옷이 비에 젖자 몸에 찰싹 달라붙었다. 누이의 드러난 몸매를 보고 남동생이 불측스런 정을 느꼈다. 동생은 이 욕망을 저주한 나머지 자신의 남근을 돌로 쪼아 죽고 말았다.

앞에서 가고 있던 누이가 남동생이 따라오지 않는 것을 이상히 여겨 되돌아가 보니, 남동생이 피를 흘리고 죽어 있었다. 전후 사정을 안 누이가 "달래나 볼걸 달래나 볼걸" 하고 울었다 하며, 그 후부터 이 강을 '달래강'이라 부르게 되었다고 한다.

「달래강 이야기」의 주요 모티프는 '홍수와 활인지덕(活人積德: 사람의 목숨을 살리어 음덕을 쌓음)', '물맛과 수달', '오누이의 근친상간(近親相姦)' 등으로서 달래강과 관련된 여러 가지의 지명유래를 담고 있다.

덕천은 '덕을 입은 강'이라는 의미에서 '덕천'이라 하고, 『택리지』에는 '달천(甘川)'이라고도 표기하였는데 '이곳 강의 물맛이 좋다'는 데서 유래한 명칭이다. 『동국여지승람』에는 '달천'이라고 표기하였는데, '이곳에 수달이 많다'라는 데서 '달천(獺川)'으로 명명한 것이다.

따라서 '달천강'으로 불려오다가 '달' 자만을 채음해서 '달래강'으로 부르게 되었다는 이야기다. 그리고 오누이와 관련된 「달래강 전설」은 「달래산 전설」과 「달래고개 전설」유형으로 근친상간 모티프를 가지고 있는 광포전설(廣浦傳說: 돌부처상에 붉은 물감을 칠한 불경한 인물 때문에 해일이 일어나서 착한 노인 한 사람을 제외한 마을 사람들이 모두 목숨을 잃는다는 내용의 설화)의 하나이다.

근친상간의 금기 때문에 오누이가 죽었다는 이야기로 인간의 본능과 윤리적 가치관에 대한 인간적 물음이 집약되어 있다. 충주의 달천강이라는 증거물과 관련되어 다양한 이야기로 전승되고 있다.

앞의 다양한 '달래강 이야기' 중 조홍윤과 마이데 세린 츠가 2019년 겨레어문학 제63집 겨레어문학회에 게재한 논문『한·터 전설에 나타난 애욕과 금기와 그에 대한 전승의식 비교 연구 -한국의 「달래강」 전설과 터키의 「신부바위(Gelin Kayasi)」 전설을 중심으로-』를 통해 「달래강 이야기」 중 근친상간의 금기 위에 놓인 인간 욕망의 자연적 일면을 인정함으로써 절대적으로 가치 부여된 윤리가 인간을 고통스럽게 하는 상황에 대하여 조금 더 깊이 살펴보고자 한다.

「달래강」은 손진태(손태진선생전집 3: 조선민담집, 향토사 1930, pp. 43~45)에 의해 최초로 소개된 이후 한국 구비문학 연구사의 초기에서부터 한국을 대표하는 전설 중 하나로 주목을 받아왔으며, 그에 따라 많은 연구자의 선행 연구가 이루어졌다.

「달래강」을 홍수 설화의 범주에 포함하거나 그에 결부하여 전설의 신화적 잔재에 주목한 분석이 이루어졌던 연구에서부터 정신분석이나 여성주의적 관점에서 「달래강」의 주제와 심층의식에 주목한 연구까지 다양한 시각의 논의가 이루어진바, 공통으로 이 서사에서 문제시되는 근친상간의 금기가 인간의 욕망과 길항(拮抗: 서로 버티어 대항함)함으로써 남매의 비극을 낳았음을 지적한다.

「달래강」의 서사는 물에 젖은 누이의 몸에 성욕을 느낀 남동생이 죄책감으로 자결에 이르는 비극을 그려내고 있다. 이때 무엇보다도 충격적인 장면은 누이의 실루엣을 보고 성욕을 느끼는 것보다도 이를 죄악시하여 자신의 성기를 돌로 찍어내는 모습이다. 근친에 대한 애욕을 지니게 된 것만으로 진정 자기 자신을 그토록 끔찍한 방식으로 처벌해야만 하는 것인가.

실상 인간이 이성에게 성적 욕망을 품는 것은 지극히 자연스러운 일이다. 그러나 대상이 되는 이성이 욕망의 주체와 특수한 사회적 관계에 놓여 있을 때, 그와 같은 본능은 자연스럽고 긍정적인 것으로 받아들여지지 못한다. 동생은 누이에게 느낀 성욕을 자연스러운 현상으로 받아들이지 못하면서 죄책감과 수치심을 느낀다. 누이에 대한 애욕은 근친 간의 성적 결합을 금지하는 윤리의 프레임을 벗어난 것이기에 양심의 가책과 죄책감으로 인해 죽음을 선택한다.

대부분의 문명화된 사회에서 친족 간의 성적 결합은 절대적 금기로 여겨진다. 그와 같은 사회적 금기는 가정의 교육을 통해, 또 이후의 사회화 과정을 통해서 결코 어겨서는 안 되는 것으로 거듭 강조된다. 그러한 윤리적 명령은 사회 구성원 각자에게 강하게 내면화되어 그들이 각각 '올바른 인간'으로 성장할 수 있도록 기능한다.

문제는 「달래강」의 남동생이 보여주는 것과 같이, '무의식적인 욕망'에 관한 것이다. 강하게 내면화된 윤리에 의해 친족에 대한 욕망을 느끼게 되는 상황을 의식적으로 피할 수는 있지만, 우연한 상황 속에서 대상으로부터 성적 자극을 받게 되고 무의식적인 욕망의 반응이 일어날 수 있다. 「달래강」에서 우연히 물에 젖어 드러난 누이의 몸을 보고 무의식적으로 성욕을 느낀 남동생처럼 말이다. 여기서 남매 단둘이 놓인 '강'이라는 공간은 '문명'이라는 '윤리의 공간'을 벗어난 '자연', 즉 '본능의 공간'이라고 할 수 있다.

이것은 인간이라면 누구나 겪는 욕망과 윤리의 갈등이다. 우리는 살아가면서 순간순간 이와 같은 문제에 맞닥뜨린다. 사랑해서는 안 될 대상으로부터 우연한 성적 자극을 받고 무의식적으로 성적 욕망을 느끼게 되는 것은 인간 정신 발달의 초기에서부터 보편적으로 이루어지는 일이다.

그렇다면 「달래강」의 동생이 누이에게 느낀 성욕도 인간으로서 자연스러운 일면으로 받아들일 법하다. 그러나 동생은 자신의 욕망을 자연스러운 것으로 받아들이지 못하고 자신의 성기를 돌로 찧어버린다. 이는 동생의 가학적 초자아의 통제, 윤리적 완벽주의에 짓눌린 것으로 이해할 수 있을 것이다. 이처럼 「달래강」 속 동생의 모습은 '욕망하는 주체'에서 인간이 지닌 불편한 모습을 온전히 드러내는 동시에 '윤리적 주체'로서 자신의 욕망에 괴로워하는 보편적 인간의 모습을 극단적 이미지로 보여주고 있다.

「달래강」에서 나타난 욕망과 윤리의 갈등에 대해, 한국 향유집단의 전승의식을 압축적으로 보여주는 것은 "달래나 보지"라고 말하며 울음을 터뜨리는 누이의 모습이다. 이러한 언술은 중의적 표현으로서 두 방향의 해석이 가능하다. 그 하나는 '혼란스럽고 고통스러운 그 마음을 잘 달래보지', 나머지 하나는 '자신의 몸을 달라고 말이라도 해보지'라는 의미가 아닐까 한다. 이는 자신도 모르게 애욕의 금기를 넘어선 동생의 죄책감도 마음을 잘 다스림으로써 이겨낼 수 있는 것이었다는, 그도 아니라면 죄책감에 휩싸여 죽음을 선택하는 것보다 차라리 그 욕망을 긍정하고 받아들이는 것이 옳았다는 인식이다.

결국 「달래강」 전설의 향유집단은 인간의 숙명과도 같은 욕망과 윤리의 갈등 문제에 대하여 윤리의 절대성보다는 인간 욕망의 자연성을 긍정하는 방향의 전승의식을 형성하였다. 물론 「달래강」의 전승의식이 절대적 윤리에 대한 옹호에 기반하고 있다는 시각 또한 존재한다. 그러나 전체 서사를 종결짓는 누이의 독백이 그와 같은 의미를 지닌 것이라는 점에서 거기 깃든 생각이야말로 이 전설에 대한 전승의식을 오롯이 담아내고 있다.

이는 윤리적 금기라 해도 인간의 생명보다 절대적인 가치를 지닐 수 없으며, 의논의 여지가 없는 절대적인 윤리란 있을 수 없다는 인식이다.

이 논문을 보면 「달래강」 설화의 경우 조선 후기 유교(儒敎)가 성리학(性理學)을 거쳐 예학(禮學)으로 발전해 우리의 일상 속으로 들어온 시점에 만들어진 설화가 아닐까 한다. 우리가 역사 수업에서 배운 것과 같이 신라 시대만 해도 왕족은 근친 간에 결혼했으며, 고려 시대의 대승불교라면 이와 같은 인간의 욕구가 목숨보다 더 중요하지는 않았을 것이라는 편에 서지 않았을까 한다.

하지만 임진왜란과 병자호란 등 왜구와 오랑캐의 침입 후 조선은 예학을 통해 국가를 정비할 필요가 있었다. 양란 후 조선은 이런 사회 안정화를 위하여 대가족제도를 근간으로 한 가족 공동체가 한 마을의 기초가 되면서 삼강오륜(三綱五倫)의 유교 도덕 가치가 더욱 중요해졌다.

그중 '충(忠)'의 상징인 충주에 유학의 기본을 지켜야 하는 당위성을 가진 이야기가 만들어진 것은 그만큼 이 지역이 주변에 미치는 파급력이 대단했던 곳임을 짐작하게 한다. 따라서 이 장소(달래강)가 그런 이야기를 만들어내기에 충분한 조건을 가지고 있던 곳이 아니었나 생각해본다.

그럼에도 누이는 죽은 동생을 안타까워하는 마음이 "달래나 보지"라고 하는 울분으로 표출되고, 이것이 지역의 이름인 달래강(달천강)으로 현재까지 함께하고 있다.

중간중간에 수록된 시들은 이전에 썼던 습작들이다. 어디에 발표하기에는 다소 부족한 실력이지만, 이번에 고향을 이야기하면서 그때의 감흥을 함께하고자 싣는다.

모시래뜰의 사계절

조도영

모시래뜰의 봄은 부지런함이다.
그 넓은 논에 언제 모를 다 심을까 하는 기우는
논에 물대기부터 밤낮없이 돌아가는 기계 소리와 함께
충주의 초입 넓은 들은 푸르른 옷을 입는다.

모시래뜰의 여름은 생동감이다.
무더운 여름 한낮 고통스러운 날씨에도
벼는 누가 가르쳐주지 않아도 쑥쑥 자란다.

듬성듬성했던 논은 푸르름으로 채워진다.

모시래뜰의 가을은 풍요로움이다.
무더위와 태풍, 병충해를 잘 넘긴 드넓은 논은
가을 저녁노을 빛이 아주 멋진 곳으로 변한다.
그리고 겨울을 넘길 여유로움을 수확하게 한다.

모시래뜰의 겨울은 여유로움이다.
봄, 여름, 가을 생동감 있는 변화를 뒤로 하고
겨울의 논은 흙 본연의 모습과
눈 쌓인 백색 광야 태초의 모습으로 간직된다.

모시래뜰의 사계절은 자연 학습장이다.
누가 가르쳐주지 않아도
자연과 인간 본연의 모습을 배울 수 있는
드넓은 태초의 풍경을 느낄 수 있는 곳.

앞의 달래강 이야기 중 「형제 바위 이야기」가 자주 나오는 것을 알 수 있다. 이 형제 바위에 대해서는 한국학중앙연구원『향토문화전자대전』에 따로 정리된 이야기가 있으니 다음과 같다.

충주시 용관동 달천강에 두 개의 바위가 있는데, 이를 '형제 바위'라고 부른다. 형제 바위와 관련하여 두 종류의 전설이 전승되고 있다.

첫째는 쌍둥이 형제가 물에 빠져 죽었는데 부모가 통곡하자, 그곳에 있던 바위가 서로 마주 보게 되었다는 이야기다.

둘째는 효성스러운 형제가 살았는데 노모가 병이 들어 고심하던 중 백발선인이 나타나 '잉어가 약'이라 일러주었다.

형제가 잉어를 잡기 위해 강으로 나갔다가 빠져 죽었다. 그리고 그 자리에 바위가 솟아올랐다. 이후 그 바위를 '형제 바위'라고 부르게 되었다는 이야기이다.

이 이야기의 채록과 수집 상황은 1981년 충주시에서 간행한『내고장 전통 가꾸기』에 실려 있다. 1991년 예성문화연구회에서 발행한『예성문화』12에도 수록되어 있는데, 이는 1990년에 지역의 어르신들로부터 채록한 것이다. 2002년 충주시에서 간행한『충주의 구비문학』에도 실려 있다.

달천강 형제 바위 모습

그 주요 내용을 보면, 옛날 두루봉 밑에 부부가 살고 있었
는데 슬하에 자식이 없어 두루봉의 산신령에게 아들 점지를
기원하였다. 어느 날 산신령이 나타나 강아지 두 마리를 주
기에 받고 깨보니 꿈이었다. 그날부터 태기가 있어 10개월
후 아기를 낳았는데 쌍둥이 형제였다. 형제는 무럭무럭 잘
자랐다.

그러다 어느 날 강으로 목욕을 하러 갔다가 동생이 물에
빠지자 형이 동생을 구하려다 함께 죽고 말았다. 이 소식을
들은 부모가 땅을 치고 통곡을 하니 하루 만에 두 형제가 빠
졌던 자리에서 두 개의 바위가 서로 마주 보며 솟아나왔다.

달천강 형제 바위에서 휴식 중인 새의 모습

이를 본 부모는 물이 없는 산중으로 이사 가서 부처와 함께 일생을 마쳤다.

다른 설화에는 노모가 병이 나서 치료하기 위해 잉어를 잡으러 강으로 나갔다가 형이 빠지자 동생이 이를 구하려다 형제가 함께 빠져 죽었다. 형제가 죽은 곳에서 바위가 솟아올랐는데 큰 바위는 형이고 작은 바위는 동생이라고 전해진다.

「형제 바위 이야기」의 주요 모티프는 '형제의 죽음과 바위', '약 잉어 잡기와 형제 바위' 등이다.
목욕하다가 아니면 노모의 병을 치료하기 위해 잉어를 잡다가 형제가 물에 빠져 죽고 형제의 혼이 바위가 되었다는 암석 전설과 관련이 있다.

전자는 강가에 살면서 강물의 피해를 보아 산으로 이주를 했다는 강과 관련된 피해담이고, 후자는 효행담과 연결된 암석 전설이다.

물안개 피는 달래강

조도영

늦가을 이맘때 달래강 형제 바위 인근에는
엄마 밭일 갔다 돌아올 때쯤
아궁이 불 지펴놓으라는
약속을 지키려는 어린 형제가
굴뚝에 연기를 피우는 것처럼
물안개가 지펴진다.

늦가을 여유로운 농촌의
굴뚝에 연기가 피는 새벽녘

달래강에서 시작된 물안개는

시골 마을로 서서히 밀려와

연기와 하나가 된다.

아침 찬 공기 속 물안개는

쇠죽을 끓이는 영숙이네 집에도

식은 온돌방 온기를 높이는 기영이네 집에도

하루의 시작을 함께하며

정겹고 포근하게 아침을 알린다.

이불 속에 웅크리고 나오기 싫어하는 준영이도

이제 웅크렸던 몸을 크게 기지개 켠다.

그래도 아직은 서리나 함박눈 내리는 겨울보다

찬물에 고양이 세수하기 좋은 때라는 것을 알기에

달래강 물안개는

강을 끼고 있는 시골 마을을

낭만과 여유로움으로 품는다.

물안개와 굴뚝의 연기가 만나

오늘도 수채화 한 폭을 그린다.

| 1 |
| 2 |

1 탄금대 전경 모습(충주시 제공)
2 1920년대 계선대와 탄금대 모습(충주시 제공)

달천강 소개 내용 중 또 자주 나오는 곳이 바로 '탄금대'다. 앞에서 역사적인 의미도 소개했지만, 달천강이 남한강과 만나는 기준점이 되는 곳이기도 하다. 그 내용 또한 한국학중앙연구원 '향토문화전자대전'에 아래와 같이 정리되어 있다.

충주시 칠금동에 대문산이 있는데, 이곳에 '탄금대'가 위치해 있다. 대문산이 강원도에서 떠내려왔기 때문에 해마다 강원도에 세금을 내었는데, 충주 고을 원의 아들 재치로 세금을 내지 않았다는 민담형 이야기이다.

그 채록과 수집 상황은 1980년 한국정신문화연구원(현 한국학중앙연구원)에서 간행한 『한국구비문학대계』 3-1에 수록되어 있는데, 이는 1979년 5월 15일 청주대학교 김영진 교수가 현지 조사를 나가 지역에 사는 주민으로부터 채록한 것이다.

주요 내용을 보면 다음과 같다. 충주시 탄금대가 있는 산을 대문산이라고 한다. 이 산은 본래 강원도 땅에 있었는데 대홍수 때에 떠내려와 지금의 '탄금대산'이 되었다고 한다.

해마다 강원도에서 이 산에 대한 세금을 받으러 왔으며,

탄금대 주요 시설 현황(충주시 제공)

충주고을 원이 세금을 냈다고 한다. 그러던 어느 해 흉년이 들어 세금을 낼 형편이 못 되자 고을 원이 걱정을 하고 있었다.

그러자 그의 아들이, "무엇 때문에 걱정을 하십니까? 아버님" 하며 자초지종을 물었다.

사정 이야기를 들은 고을 원의 어린 아들은 '걱정을 마시라'라고 하면서 썩은 새끼줄을 구해달라고 하였다. 그리고 세금을 받으러 오기 전날 그 썩은 새끼줄로 탄금대를 둘렀다. 강원도에서 세금을 받으러 오자 아이가 "내가 산을 묶어 놨으니 도로 가져가시오"라고 호통을 쳤다.

강원도에서 세금을 받으러 온 사람들은 산을 가져갈 수가 없었다. 이 일이 있고 난 후로는 강원도에서 세금을 받으러 오지 않았다고 한다.

「탄금대 산세 면한 이야기」의 주요 모티프는 '원의 어린 아들의 재치'이다. 이는 원 아들의 지혜로써 세금을 내지 않았다는 민담형 이야기다.

비록 증거물로서 대문산 및 탄금대가 남아 있긴 하지만, 엄격한 의미에서 증거물로 볼 수는 없다. 유형화된 인물로서 '재치 있는 아이'가 등장하는 민담으로 보는 것이 타당하다.

탄금대의 가을 추억

조도영

탄금대를 지나며 가을이 깊어간다는
소식을 떨어지는 낙엽에서 접한다.
가로수도 산기슭의 나무도 붉게 물든 가을의 만행.

가을은 행사가 많은 계절이다.
이번 주말에는 또 누가 찾아와
저 탄금대 소나무 숲에서 추억을 담아갈까.

내 어린 시절의 많은 추억이 있던 탄금대
어딘가에 있을 앨범을 찾아본다면
가장 많은 추억의 장소임을 확인할 수 있을 것이다.

초등학교 시절 조금 먼 곳으로 소풍을 갈 때면
이곳 탄금대가 아니면 단월 충열사였고
그도 여의치 않으면 달천강 자갈밭으로 갔다.

그중에 으뜸은 탄금대였다.
탄금대는 역사적인 의미를 뒤로하고도
충주에서 가장 볼거리, 놀거리가 많은 곳이다.

지금 아이들은 소풍을 통해 어떤 추억을 쌓을까.
적어도 그때는 나만의 추억이 아닌
우리의 추억이라 불러야 할 듯하다.
가족 모두와 마을의 큰 행사였던 소풍이기에

탄금대의 가을 소식을 접하며
그때 정말 꾀꼬리 목소리로 노래를
잘했던 선영이의 떨리는 목소리가
떨어지는 낙엽과 함께 추억이 차창에 부딪힌다.

앞의 다양한 이야기와 함께 내가 어려서 어른들에게 들었던 이야기를 해보면 이전 이야기들도 일부 융합돼 내려오는 것을 알 수 있다.

우리 동네 벌미(용관)와 조금 떨어진 이웃 마을 '두담'이 있다. 두 동네 사이는 높지 않은 산으로 막혀 있었는데, 달천강이 휘어져 흐르는 '두루봉'이라는 둥근 산 끝부분에 두담에서 벌미로 넘어가는 도로 확포장공사로 더 가까워졌다.

처음에는 두 동네 사이 '두루봉'의 능선(아리랑 고개라고 불림)을 잘라 개설하는 것으로 되어 있었다고 한다. 하지만 '지형상 용의 머리 부분에 해당하고, 남자의 성기를 닮아 맞은편에 여근골이 있는 지형과 서로 마주 보고 있어야 한다'라고 하면서 능선을 자르면 큰 재앙이 있을 것이라는 마을 사람들의 반대로 노선이 변경되어 '서호정'이라는 정자가 있는 쪽으로 우회하여 확포장되었다.

따라서 10리(약 3.9㎞) 길 초등학교 등하교 때 1~2학년만 더 구부러져 멀어진 평평한 큰길로 걸어 다녔고, 3학년 이상 고학년이 되면 두담마을 중간 지점에서 작은 산을 넘어오면, 우리 동네 중간 지점으로 올 수 있는 '아리랑 고개'로 많이 다녔다.

이때 이 고개의 특징은 두담에서 넘어오는 길은 아주 경사가 급해 숨이 차오르는 깔딱고개 지점이 있었다. 하지만 고개를 넘어 우리 동네 쪽으로 넘어오면 아주 완만한 산길이며, 정상에 올라서면 불어오는 바람 덕분에 땀이 자연스럽게 식고 이제 우리 동네구나 하며 안도의 숨이 절로 쉬어지는 장소였다.

서호정 위치에서 달천강을 내려다보면 강 중간쯤 '쌍둥이 바위(형제 바위)'가 있다. 하나는 조금 크고 바로 옆에 있는 바위는 큰 바위의 반 정도 크기로 보인다.

하지만, 이곳 달천강이 남한강으로 가는 마지막 지점이라 수심이 깊은 것을 고려하면 육안으로 보일 정도의 바위라는 것은 매우 큰 바위임을 의미한다.

특히 바위 근처는 그중에서도 수심이 제일 깊고, 두 바위로 인해 강물이 강하게 회전하면서 흐르는 소용돌이, 즉 '와류'가 생기는 곳이라 매우 위험하다. 그래서 동네 아이 중 수영 좀 한다는 아이들은 그 바위까지 수영하는 것을 자랑으로 삼았는데, 지금 내 기억에는 매년 1~2명씩 그 형제 바위 근처에서 사고로 죽었던 기억이 있다.

친하게 지내던 친구도 그 근처까지 수영해서 다녀온 후 그때의 경험을 이야기해주었는데, 바위 근처에 가면 없던 물살도 생기고, 물 온도가 갑자기 낮아져 다리에서 쥐가 나서 수영을 못 할 뻔한 경험이 있어 매우 위험했다는 기억을 말해주었다.

어려서부터 손이 귀한 집에 태어난 나와 동생은 큰 강 옆 마을에 살았는데도 강에 가서 수영한 추억이 없다. 우리는 동네 시냇가 중 논에 물을 대기 위해 만든 둠벙에서 놀았던 기억이 전부다.

이런 우리에게 그 형제 바위에 가볼 기회가 주어졌다. 그것은 '서호정' 옆에서 작은 가게를 하면서, 민물매운탕을 파시고 물고기를 잡았던 할아버지의 고깃배를 타고 직접 바위까지 갈 기회가 왔던 것이다.

그때 왜 할아버지께서 우리를 태워주셨는지는 기억이 나지 않지만, 지금도 분명히 기억나는 것은 형 바위에는 말발굽 같은 표시가 2개, 동생 바위에는 1개가 있었던 것 같다.

그러면서 당시 할아버지께서는 이야기를 들려주셨는데, 오랜 옛날 충주는 지리적으로 매우 중요한 지역이라 많은 전쟁이 있었다고 한다. 그중 적군에게 쫓기는 한 장수가 강을 건너야 하는데 강폭이 넓고 수심이 깊어 어찌하지 못하고 있을 때, 형제 바위가 강 위로 솟아올라 말을 힘차게 달려 강을 건너 위험을 벗어났는데, 그때 말이 힘껏 밟은 흔적이 지금도 남아 있는 것이라고 말씀을 해주신 기억이 난다.

이 이야기가 후에는 임진왜란 때 명의 장수가 일본군을 쫓다가 매복해 있던 일본군에게 병사들을 모두 잃고 퇴각하는 과정에 형제 바위가 솟아올라 적토마 같은 명마가 이를 밟고 강을 건너 목숨을 구하고, 다시 전열을 정비해 일본군을 물리쳤다는 이야기로 전해지기도 했지만 채록집 등에 이야기가 빠진 것을 보면 지역에서만 내려오는 이야기로 남아 있는 것이 아닌가 생각된다.

그 이후 달천강의 역사적 이야기를 알아보니, 이런 이야기들이 지나가는 이야기가 아니라 많은 역사적 사실과도 관련이 있다는 것을 알게 되었다.

특히 옛날이야기 속 서호정은 매우 운치가 있었고 달천강의 이정표 역할을 했던 곳으로 보인다.

달천강은 관산(벌미)마을에 이르기 전에 서쪽에서 북쪽으로 방향을 튼다. 이렇게 큰 강이 하류에서 크게 방향을 트는 경우는 흔하지 않은 모습이다. 그러므로 홍수가 질 때 관산마을 쪽으로 크게 호수가 생기곤 했다. 또 강에는 모래톱이 쌓여 몇 개의 섬이 만들어지기도 했는데, 그 때문에 사람들이 이 지역을 서호(西湖)라고 부르곤 했다.

이곳 서호에는 옛날에 배가 드나드는 서호정 나루가 있었다. 서호정은 관산(觀山)마을 앞 서호가 내려다보이는 곳에 있던 정자다.

서호정 나루 앞 달천강변에는 뱃나들이가 있었다. 이곳이 나루터로 평상시에는 관음사 앞이 뱃나들이 장소였다. 그런데 여름에 장마가 지면 물이 불어 관월정 아래 달천 양수장 앞까지 뱃나들이가 내려가곤 했다.

이곳 벌미는 장사배가 드나들며 상업적으로 번창한 포구였다는 이야기도 들었다.

그러나 충북선 철도가 개통되고, 충주에서 목도에 이르는 달천강 뱃길이 끊기면서 서호정 나루도 쇠퇴하게 되었다.

이런 부분에 대해서는 어려서 동네 친구 할아버지가 배를 이용해 돈을 벌었다는 이야기를 자주 들었고, 서호정 자리 인근에서 가게를 하셨던 할아버지도 우리가 초등학교 다닐 때까지 단월 쪽에서 벌미로 넘어오는 사람들을 대상으로 돈을 받고 배를 태워주는 일을 이따금 하셨다.

서호정 근처에 이후 이곳을 대신해 '관월정(觀月亭)'이 들어섰다. 이곳은 강 쪽으로 콘크리트로 만들어져 고건축 같은 느낌은 안 들었다.

그러나 비가 오는 날 이곳에 앉아 강 위에 떨어지는 빗방울을 보는 것은 매우 운치가 있었다.

관월정은 용관동의 '관'자와 단월동의 '월' 자를 따서 1972년 처음 세워졌다. 이후 그 옆을 지나는 도로가 2차선으로 확장되면서 산기슭 아래로 이전되면서 강과의 이야기는 단절된 상태다.

이런 이야기를 통해 형제 바위 또는 그 가까운 주변에 강을 건너다니던 다리가 있었던 것은 아닌가 추측해본다.

이곳이 지리적으로나 강의 수심을 보았을 때 장마 기간이 아닌 동안에는 강을 건너다니는 다리가 놓여질 수 있는 장소가 아니었을까 하는 생각이 든다.

그리고 앞에서 그 용도를 잘 몰랐던 '용관산성'의 경우 이 달천강을 오가는 배를 감시하거나 안전을 확인하는 역할을 하던 장소가 아니었을까 한다.

이렇게 마을과 강에 대한 다양한 이야기가 있다는 것은 이 지역을 다니는 사람이 많았으며, 그 과정에 많은 미담이 있었다는 것을 입증하는 것은 아닌가 한다.

성인이 된 지금 내가 살던 곳에 이런 풍성한 이야기가 있다는 것은 지역의 정체성과 함께 자랑이 아닐 수 없다.

4장

목계나루의 지리적 의미와
역할 재조명

1.

흥(興)이 함께한 목계나루

이번 목계나루와 관련된 내용은 어떻게 이야기를 풀어나가야 할지 많은 고민이 있었다. 소재가 작아서가 아니라, 너무 다양한 이야기가 있고 다루어야 할 분야도 많기에 범위를 정하는 것 역시 쉬운 일이 아니기 때문이다.

하지만 첫 장인 천안삼거리 이야기와 앞의 달천강과 관련된 이야기는 충주의 목계나루와 연관성이 높다. 그중 천안삼거리는 '흥(興)'을 같은 주제로 다루기 좋고, 달천강 이야기는 물이 만나는 것처럼 많은 이야기가 서로 연결되었다고 할 수 있다.

목계나루는 충주시에서도 많은 관심과 다양한 프로그램 운영을 통해 관광 활성화를 시도하고 있는 장소다. 목계나루라는 체험과 박물관 개념의 전시공간인 '강배체험관'을 통해 많은 자료를 모으고 매년 축제와 다양한 행사도 진행하고 있다.

이렇게 구심점이 될 수 있는 기관이 있다는 것은 매우 중요한 시사점을 준다.

목계나루 일원에서 진행되는 일련의 행사를 다시 생각해 보면 우리 민족의 기질인 '흥'의 가치에 매우 부합하는 과정들이 진행되었다. 특히 '목계별신제'에서 시작되어 줄다리기를 통해 경쟁과 단합으로 가는 과정은 한국의 '신명적 흥'으로서 몸과 마음을 동시에 움직이는 모습을 띠고 있다.

이와 같은 모습은 우리의 '흥'을 대표하는 전통음악과 춤 속에 '맺고-푸는' 과정을 공통으로 갖고 있으며, 이러한 '맺고-푸는' 과정이 무한히 반복되면서 흥과 신명을 이끌어낸다.

한국의 문화적 특징으로 서슴없이 '신명'과 '난장'을 먼저 꼽는다. 이런 일련의 행위가 바로 목계나루에서 이루어졌으며, 현재의 축제나 행사도 이런 맥을 유지하는 과정은 아닐까 한다.

고대 제천의식을 계승한 굿 의식에서 춤과 음악과 연극 등 공연예술들이 분화되어 나왔기 때문에, 전통적 공연예술의 '즉흥성'은 고대 제천의식에서 추구했던 '공동체의 대동성(大同性)'과 관련된다.

특히 몰입을 유도하기 위해 순간순간 분위기를 띄우고, 굿 의식의 길이에 맞게 양적으로 확대하는 면에서도 매우 필요했던 것이 즉흥성이다.

즉흥성에서 실현되는 '하나됨'은 3가지 층위의 것이 모두 어우러져 동시에 나타난다. 먼저 신과 인간의 하나됨이요, 그리고 춤이나 음악 등 예술 대상과의 하나됨이며, 마지막으로 연행자와 관객 등 공동체의 하나됨이다. 이 3가지 층위의 '하나됨'이 동시에 묶여서 집단적 신명에서 즉흥성이 나타나는 것이다.

목계는 번창하면서 다양한 문화유산을 남겼지만, 대표적인 문화유산이 '목계별신제'이다. 별신제(別神祭)는 마을 공동으로 마을의 수호신을 제사하는 점에서 동제(洞祭)와 유사하나, 동제는 동민(주민) 중에서 뽑은 제관이 제사를 주관하지만, 별신제는 무당이 주재한다는 점이 다르다.

목계별신제는 뱃길이 무사하고 장사가 잘되기를 비는 제사다. 목계별신제는 남한강 유역의 대표적 '인동제'이고 충주 지역 마을 문화의 대표성을 띤다.

목계별신제는 남한강 유역의 교역중심지가 만들어낸 최고 장시 축제였다. 1920년대 조선총독부의 조사 기록에 의하면 충주의 목계별신제는 시장 관계자들이 시장 번영책으로 3년·5년·10년 만에 한 번씩 3일 내지는 7일간 벌이던 향토 축제였다. 여기서는 시장 대표자들을 제관으로 해서 삼헌과 독축으로 유교식 제사를 지내고 그다음으로 무당이 굿을 한다고 기록하고 있다.

1977년 목계별신제는 40년 만에 재현되었고, 1984년 제25회 전국민속경연대회에서 줄다리기가 재현되어 문화공보부장관상을 수상했다. 줄다리기와 별신제가 이어오기를 수백 년이라 기록하였으나, 목계별신제가 언제부터 시작하여 몇 회를 실시했는지, 마지막 별신제는 언제였는지 정확하게 알 수는 없다. 이를 정확하게 알 수 있다면 목계를 역사적으로 밝힐 수 있는 자료가 될 것이다.

하지만 목계나루는 국가 차원에서 관리되는 나루가 아니라 순수 민간 영역의 상업적 항구였으며, 조선 후기의 상업, 즉 자본주의 또는 근대화를 한눈에 볼 수 있었던 곳임을 추론할 수 있다.

그렇기에 이곳에 서는 무당은 조선에서 최고 실력을 가지고 있었을 것이며, 이곳만을 위한 차별화 요소를 만들어내었을 것이다.

이곳에서는 양반이나 유학적 관념보다 '돈'을 벌기 위해 목숨을 걸고 일했던 사람들의 무사 귀환의 염원을 담아내어야 했을 것이다.

목계나루는 많은 사람에게 돈을 벌 기회를 주었기에 외지에서도 많은 사람의 유입이 있었을 것이고, 물품을 가지고 드나드는 장사치들도 많았을 것이다. 또한 배로 물건을 운반하는 사람들은 많은 돈을 벌 기회를 얻음과 동시에 목숨을 걸고 일을 해야 했을 것이다.

이런 사연들은 포구의 번영과 목계라는 마을의 안녕을 기원함과 동시에 이곳에서 함께 먹고사는 사람들의 무사 기원을 위한 제사가 목계별신제의 시작이었을 것이다.

이렇게 제를 지내고 난 후, 다양한 계층들은 편을 나누어 줄다리기도 하고 씨름도 하며 힘도 겨루어보았을 것이다. 그 속에서 단합된 공동체 의식도 쌓였을 것이다.

그러면서 고향에서 즐겨야 할 대보름 축제나 지신밟기 등의 행사도 이곳 목계나루에서 서로 모르는 사람들과 신명과 난장을 즐기며 그리움을 달랬을 것이다. 그러면서 자연스럽게 각 지역의 문화가 융합되어 목계만의 새로운 문화예술로 발전했을 것은 자명해 보인다.

1 대동여지도에서 충주, 목계, 가흥창 위치도(강배체험관 제공)
2 목계나루 항공 촬영 모습(강배체험관 제공)

2.

조선 5대 포구에 속했던 상업 목계나루와
세곡 조창 가흥창

남한강에 있는 '가흥창'과 '목계나루'는 1930년대 서울과 충주 사이에 충북선 철도가 놓이기 이전까지 남한강 수운(水運: 강이나 바다를 이용하여 사람이나 물건을 배로 실어나름)의 물물교역 중심지였다.

나라의 세금을 거둬들이는 수곡선 20여 척이 서로 교차할 수 있을 정도로 내륙항 가운데 가장 큰 규모를 자랑했다. 쌀이나 소금 등을 실은 배가 수시로 드나들고, 배가 들어와 강변에 장이 설 때면 각지에서 장사꾼과 갖가지 놀이패들이 왁자지껄하게 몰려 난장을 벌이고 북새통을 이루었던 곳이다.

한강 본류인 남한강은 강원도 태백시 검룡소에서 발원한

동강과 서강이 만나 영춘, 단양, 청풍, 충주, 여주, 이천, 양평을 지나 양수리에서 북한강과 만난다. 정선 아우라지에서 시작된 남한강 뗏목 물길은 일산에서 임진강과 만나 김포의 서해로 흘러간다. 한강은 514㎞로 낙동강(525㎞)에 이어 두 번째로 길고, 유역은 가장 넓다.

강을 사이에 두고 도로와 교차하는 곳에 나루터가 생겼다. 나루는 진(津), 주(洲), 도(渡), 포(浦) 등 다양한 이름으로 불렸는데『대동지지』에는 북한강에 18곳, 남한강에 43곳, 한강 본류에 41곳의 나루가 있다고 기록되어 있다.

목계는 겨울 결빙기를 제외한 3월부터 11월까지 800여 척이 오가는 남한강의 중심 포구로, 상류 영월까지 120㎞ 구간은 협곡과 여울이 많아 물이 많은 7~8월에만 큰 배가 올라갈 수 있었다.

서울까지 내려갈 때 걸리는 시간은 여름철 12~15시간, 목계로 올라올 때는 5일~2주일이 걸렸다. 한강 5대 나루로 목계나루를 포함해 광나루, 마포나루, 조포나루, 이포나루를 꼽고 있다. 충주 가흥창에 수납된 세곡은 이포, 양근을 지나 양수리에서 북한강과 합류하여 광나루, 송파를 거쳐 용산 '경창'에 수납됐다.

1900년도 상업 여객선 경유지는 대개 옛 포구 자리에 정해졌고 오늘날 세워진 많은 다리도 나루터에 건설되었다.

내륙을 관통하여 흐르는 한강은 조선시대에는 현재의 고속도로와 같은 역할을 하였다. 충주에 설치하였던 '가흥창'은 경상도와 충청도의 세곡을 모아 한강을 이용하여 서울로 운송하는 출발점에 위치하여 국가 재정에 중추적 역할을 하였던 조세 창고였다. 따라서 가흥은 조선시대에 대단히 번창한 촌락이었고 더욱이 가흥역이 설치되어 육로와 수로의 교차점으로 크게 발전되었을 것으로 보인다. 지금도 창말, 역말, 겨자 거리 등의 마을 이름이 전하고 있으며, 한창 번창했을 때는 1,000호(가구)가 있었다고 전한다.

목계는 한강 상류 지방에서 나는 산물이 모여 물길을 통해 서울로 가고, 다시 한양의 문화와 문물들이 목계를 거쳐 강원, 경상, 충청으로 전달되었다. 이렇게 중요 교통의 요지에 있던 내륙의 하항으로 전성기에 호수 인근에 800호 이상의 사람들이 모여 살았던 마을로 100여 척의 상선이 집결하였다고 전한다.

한편 남한강 수운을 보면 고려 초에 충주에 '덕흥창(德興倉)'을 설치하여 충주 부근의 조세를 수납하여 경창(京倉)으로 수송하였고, 고려 말 왜구가 창궐하자 경상도 세곡이 소백산맥의 조령을 넘어 충주 덕흥창에 수납되고 경상도와 충청도의 세곡은 남한강의 수로를 이용하여 용산의 경창으로 운송되었다.

조선시대에도 경상도 세곡이 충주 조창에 수납되고 태종 11년(1411) 200여 칸의 창고를 지어 세곡을 보관하였다가 경창으로 운반하였다. 덕흥창은 지금의 충북 충주시 가금면 창동리에 있었고, 조선시대에는 이보다 남쪽인 창동리 금정 마을에 새로운 창고를 설치하여 '경원창'이라 하였다.

세조 7년(1461) 4월에 경원창에 화재가 발생하자 세조 11년(1465) 하류인 지금의 충주시 가금면 가흥으로 조창을 옮기고 '가흥창'이라 불렀다.

남한강의 수운은 조세를 운송하는 이외에도 보리, 콩, 소금 등을 운송하였다.

이렇게 충주의 2개 항이 활성화된 이유 중 하나는 왜구의 침입이 시작된 1350년(충정왕 2)부터 조운(漕運: 여기서는 바다로 조세를 운반하는 것)이 불편해지고 조운이 폐지되어 중단되었다가 왜구가 현저히 줄어들어 조운이 부활하는 1390년까지(공양왕 2) 약 40여 년간 경상도의 세곡은 문경 조령을 넘어 충주의 덕홍창에 납부되었기 때문이었다.

따라서 고려 말의 덕홍창은 내륙을 관류하는 한강 수운을 통하여 경상도와 충청도의 세곡을 용산 경창으로 수송함으로써 국가 재정의 중추적 조창으로 임무를 수행하였다.

경상도의 세곡이 덕홍창으로 전부 수송되고, 더욱이 1403년(태종 3) 경상도의 19만 5천여 결의 세곡이 덕홍창에 모이자 덕창창은 이를 감당하지 못하여 1404년(태종 4) 충주 금천에 새로이 '경원창(慶原倉)'을 설치하여 경상도의 세곡을 관장하게 되었다.

충주의 가흥창에 수납된 세곡은 원주의 흥원창, 여주의 백애촌, 천녕(여주 인근)의 이포, 양근(양평)의 대탄(大灘) 사포(蛇浦)를 지나 양수리에서 북한강과 합류하여 두미진(斗迷津), 미음진(渼音津), 광나루, 송파, 동재기를 지나는 260리 수로를 따라 용산 경창에 수송해야 한다.

세곡을 수송하려면 배와 배를 부릴 줄 아는 사람이 필요하게 된다. 또 풍랑과 파도 등 일기도 잘 살펴야 하고 수운의 경우는 강수의 수량도 중요한 문제가 된다.

가흥창에 전세를 수납하고 이를 보관하고 배를 이용하여 서울로 무사히 수송하기 위해서는 이를 관리하는 관원이 필요했다. 조선 초기에는 수운판관(水運判官: 조선시대에 전함사에 속하여 수운(水運)에 대한 일을 맡아보던 종오품 벼슬)을 두었고, 세조 때는 수참전운판관(水站轉運判官)을, 성종 때는 다시 수운판관을 두었으나 수운판관이 그 임무를 소홀히 하고, 탐오 (貪汚: 욕심이 많고 하는 짓이 더러움)하여 부정하고, 조졸들을 등쳐먹었다고 한다. 조졸(漕卒)이란 고려·조선시대에 조선(漕船)에 승선하여 조운 활동에 종사하던 선원을 뜻한다.

그 과정에서 삼도를 왕래하며 역기(驛騎: 역참의 말, 또는 역참의 말을 타고 온 사람)를 번거롭게 하여 1779(정조 3)년 수운판관을 없앴다. 수운판관을 없앤 후 충주목사가 도차사원 (都差使員: 조선시대에 임금이 중요한 임무를 위하여 파견하던 차사원의 우두머리)이 되어 업무를 수행하고 조운에 관한 일은 음성, 진천, 연풍, 청안, 괴산의 수령들이 차사원(差使員)이 되어 돌아가면서 사무를 담당하였다.

관찰사는 조선의 수리, 호조에 보고하는 일 등으로 조창 관리들의 업무를 감독하였다. 또 임시로 경차관을 파견하여 전세의 수납, 세곡을 배에 싣는 일, 조선의 수리 등을 감독하였다. 경차관(敬差官)은 조선시대에 지방에 파견하여 임시로 일을 보게 하던 벼슬이며 주로 전곡(田穀)의 손실을 조사하고 민정을 살피는 일을 했다.

우리는 여기서 주요한 사실 하나를 알 수 있다. '가흥창'은 국가 주도의 항이라는 점과 목계나루는 민간이 운영하는 항이라는 점이다.

이를 단적으로 알 수 있는 것은 가흥창에 많은 창고를 지을 때, 충주 인근의 절에서 기와 등의 자재를 사용했을 것으로 짐작할 수 있는 아래의 내용이 있다. 이런 사례는 가흥창만이 아니라 조선시대 다수의 공공건물을 건립할 때 인근 절에서 자재를 수급하는 사례를 다수 확인할 수 있다.

『중종실록』 권 40. 中宗 15년 윤8월 23일조 「훼철 충청도 충주등지 사사개와 이조가흥창(毀撤 忠淸道 忠州等地 寺社盖瓦 移造可興倉)」에 따르면 가흥창을 지을 때 충주 등의 사사기

와를 옮겨서 지었다고 하였는데, 가흥창지에서 가까운 절로
가흥창을 짓는 데 기와를 옮겨올 수 있을 만한 당시의 사찰
을 아래와 같이 제시하고 있음을 알 수 있다.

보련사 (寶蓮寺)	중원군 노은면 연하리(사지)
금생사 (金生寺)	중원군 금가면 유송리(사지)
청룡사 (青龍寺)	중원군 소태면 오량리(사지)
봉서암 (鳳棲庵)	중원군 가금면 장천리(사지)
오갑사 (烏岬寺)	중원군 앙성면 모점리(사지)
원동리사지 (院洞里寺址)	중원군 가금면 원동리(사지)
봉황리 내동사지 (鳳凰里 內洞寺址)	중원군 가금면 봉황리 내동(사지)

그 창고의 규모는 70칸이었다. 가흥에 창고가 지어진 것
은 가흥창이 설치된 후 55년 만인 1520년(중종 15) 윤8월의
일이고, 이미 가흥창을 관리하는 관사도 있었다.

가흥창에 창고가 지어진 후 150여 년이 지난 1669년(현종

10) 가흥에 신창 49칸을 지어 합계 119칸이 되었다.

가흥(可興)은 지금의 충청북도 충주시 가금면 가흥리를 말한다. 가흥은 고려 시대부터 교통의 중요 길목에 있었고, 조선시대 육로와 한강 수운이 맞닿는 길목을 차지하고 있었다. 육로는 장호원에서 앙성, 가흥, 하담, 사천(沙川: 현 하담리 씨름터 거리), 문산리, 유송리, 북진, 목행, 연수동을 지나 충주로 이어주는 길목에 한강 수운은 경상도, 강원도와 충청도의 모든 물산이 가흥창에 모여 한강의 물길을 이용해 여주와 양평을 지나 서울로 가는 한강 고속수로의 시발점에 위치한다.

가흥이 번창하게 된 것은 여러 이유가 있지만, 아래와 같이 정리해볼 수 있다.

① 조선 초기에는 충청도와 경상도의 전세를 납부받아 이를 보관하였다가 서울로 수송하였는데, 1465(세조 11)년부터 1520(중종 15)년까지 55년간은 양곡을 저장할 건물이 없었고 나루터 기슭에 노적하였을 뿐이다. 이를 덮고 가리는 물건은 세(稅)를 내는 백성에게 바치게

하니 원거리의 백성들은 먼 거리에서 가지고 올 수 없어 부근에서 샀기 때문에 가흥창 부근에 거주하는 사람들이 해마다 노적에 필요한 물품을 팔아 큰 이득을 보았다.

② 경상도와 충청도 세곡을 수납함으로써 주민들은 객주로서 쌀 수납 때 많은 이익을 노려 장사하여 큰 이익을 보았을 것이다.

③ 색리(色吏: 감영이나 군 안에서 곡물을 출납하고 지키는 일을 맡아보던 구실아치)가 뇌물을 받고 늦게 도착한 사람의 전세를 먼저 받고 먼저 도착한 사람을 오래 기다리게 하고, 또 먼 곳의 많은 사람이 숙식했을 것이다.

④ 80척의 조선에 종사하는 사공, 격군, 수부 등 사람이 상당수 있었을 것이다.

⑤ 조선을 수리하는 기술자들이 많았을 것이다.

⑥ 노적한 세곡을 배에 옮겨 싣는 인부도 상당수 필요하였다.

⑦ 조선 초기부터 공선이 부족하여 운임을 주고 사선을 이용하면서 사선의 사공 등은 가흥창 주변의 사람들을 고용하였을 것이다.

⑧ 조선 사신이 일본으로 가고 올 때, 또 일본 사신이 왕

래할 때 육로나 수로를 이용하면서 가흥역을 경유하게 되는데 이로 인하여 가흥리는 번창하기 시작했을 것으로 보인다.

기록에 의하면 '1553년(명종 8) 가흥에 불이 나 30여 호가 탔는데 죽은 자가 남녀 8명이었다'라는 기록을 통해 이미 이때 가흥은 큰 촌으로 발전되어 있었고 가옥이 밀집되어 동리를 형성했을 것으로 보인다.

목계 앞에는 한강이 흐르고 강을 건너는 나루가 있었다. 충주는 한강과 달천강이 에워싸듯 흘러서 여러 곳에 나루가 있다. 나루에 대한 기록은 조선 초기에 나타난다. 『신증동국여지승람』에 북진(北津), 달천(達川)이 기록되었고, 17세기에는 포탄진(浦灘津), 조둔진(早遯津), 북진(北津), 금천진(金遷津), 옥강진(玉江津), 하담진(荷潭津), 산계(山溪), 청룡진(靑龍津), 덕은진(德恩津), 앙암진(仰巖津), 달천진(達川津) 등 18(19)의 나루가 있었다. 이러한 나루는 현대에 와서 콘크리트 교량이 건설될 때까지 배를 이용하여 강을 건너다녔다.

조선시대 충주목 관내 나루 중 나라에서 나룻배(津船)와 나룻배의 사공(津夫)을 배치하고 세금과 부역을 면제해준 나루는 산계진, 북진, 달천진의 세 나루이며 이들 나루는 조선시대 교통로상 중요한 길목에 있는 나루였다.

그중 목계에 있던 나루가 산계진(山溪津)이었는데 목계진(木溪津 또는 牧溪津)으로도 불렀다.

목계나루는 분명 초기에 가흥창 등 국가 주도의 항구보다는 작고 주변 여건이 열악했을 것이다. 하지만 정부 주도의 세곡 조창인 가흥창은 시장 변화와 늘어나는 수운의 물동량을 탄력적으로 해결하기에 많은 어려움이 있었을 것이다.

이런 문제를 해결해나가는 중추적 역할이 상업 포구로 성장한 목계나루에서 민간 주도로 진행되면서 조선의 5대 포구로 성장했을 것이다.

목계는 1750년 이전에 이미 내륙의 상항(商港)으로 강을 내려오는 어염선이 정박하면 새를 냈으며, 동해의 생선 및 산간의 물품이 이곳에 모여 주민들은 모두 장사를 하여 부자가 되었다.

우리나라는 산이 많고 들이 적어서 수레가 다니기 불편하여 온 나라의 상고(商賈: 장사하는 사람)들은 거개가 말 등에 화물을 싣고 다닌다.

그러므로 길이 멀면 운반비 때문에 이득이 적게 된다. 따라서 물화를 옮겨가고 바꾸어 이득을 보는 데는 화물과 재산을 배에 싣고 운반하는 것만 못하다.

배로 왕래하는 장사꾼은 반드시 강과 바다가 서로 통하는 곳에서 이익을 주관하고, 외상거래도 한다.

이런 장소로 낙동강에는 김해의 칠성포, 나주의 영산강, 금강의 강경, 전주의 사탄, 한강의 동남방에 청풍의 황강, 충주의 금천과 목계, 원주의 흥원창, 여주의 백애, 춘천의 우두와 낭천의 원암, 연천의 징파도 등이 상선들의 거래가 있던 곳이다.

15세기에 정비된 관선 조운제가 16세기에 이르러 동요하고, 17~18세기에 이르러 사선 운송체계가 운송의 중추 역할을 담당하게 되었다. 사선들은 운임을 받고 세곡을 운송했다. 이들은 어채(漁採: 낚시나 그물 따위로 물고기를 잡음)나 선상 활동에서 더 나아가 농장의 소작료나 정부의 세곡을 운송하면서 운송역량을 증대시켰고 활동 범위도 넓혀갔다.

게다가 17세기에는 농업생산력의 증대로 전국적으로 농산물의 물량이 증대되었고 이를 생산지에서 소비지로 운송해야 했다. 양반 지주의 소작료뿐만 아니라 상품으로서의 물량도 증대되어갔다.

공납(貢納)이 대동법으로 개혁되면서 막대한 대동미가 수취되었고, 이와 같은 운송 물량의 증대는 운송업자의 활동을 자극하여 사선인(私船人)들이 성장하는 것에 중요한 여건을 제공해주었다.

충청도는 서울의 남쪽에 위치하여 사대부들이 모여드는 곳이 되었고, 서울의 세가(世家: 여러 대를 계속하여 나라의 중요한 자리를 맡아오거나 특권을 누려오는 집안)들은 충청도 안에 농토와 집을 두어서 이곳을 근거지로 삼지 않는 사람이 없었다.

또 풍속이 서울에 가까워서 서울과 그리 다름이 없는 까닭에 가장 골라 살 만한 곳이었다.

충청도 중에서 서울과 가장 교통이 편리한 지역이 한강이 흐르는 충주 일대였다. 그러므로 서울의 세가들이 충주 일대에 농토와 집을 마련하였고, 이들의 소작료가 상당한 물량을 형성하여 운송되었을 것이다.

이에 물량을 운송할 배도 증가하여 1702년(숙종 28)에는 200석 또는 1,000석을 실을 수 있는 경강선은 300여 척이나 되었고 그들이 받는 운임도 1천여 석이 되었다.

이러한 여건 속에 가흥창 부근에 물량을 수송하기 위한 배는 점차 증가했다. 하지만 배가 정박하기에 알맞은 장소는 그리 넓지 못하여 가흥에서 가장 가깝고 배가 정박하기에 알맞고 제천과 원주, 충주로 통하는 길목인 목계 일대에 배를 정박하게 되고, 특히 사선이 이곳에 정박하여 상행위를 함으로써 1750년대에 내륙의 상항(商港)으로서 가흥이나 기타 강촌(江村)보다 번창하였다.

『택리지』에 '한양의 여러 강촌은 앞산이 너무 가까우며, 충주는 금천과 목계 외의 나머지 강촌은 다 쓸쓸한 촌락이다'라고 기록하여 그 실상을 알 수 있다.

18세기 말경에는 서울 인구가 20만 명으로 늘어나면서 서울의 상거래가 활발해지자 경강상인(京江商人: 조선시대에 한강을 중심으로 중요한 뱃길을 장악하여 곡류 따위를 도거리로 판매함으로써 이익을 보던 상인) 등 새로운 사상인의 활동이 두드러지면서 상업의 자유를 요구하게 되자 1791년 '신해통공(辛亥通共: 조선 정조 15년인 1791년에 채제공의 주장을 받아들여 육의전 이외 모든 시전의 금난전권을 폐지하고 설립 30년 미만의 시전을 철폐한 조치. 이로 인해 상인들의 자유로운 상업활동이 가능해짐)'을 단행하여 이후 상인들은 도고상업(물건을 도거리로 맡아서 팖. 또는 그렇게 하는 개인이나 조직)을 통해 상업자본을 축적해갔다.

경강상인들은 축적된 상업자본을 이용하여 여객주인업과 선운업, 선상 활동을 겸하게 되었고 경강포구(京江浦口)는 전국적인 유통의 중심지가 되었다.

유독 목계가 그 중심이 되었던 것은 어떤 이유였는지를 살펴보면 다음과 같다.

① 조선시대 한강에서 강선의 가항 구간은 강화도 하구에서 강원도 영월 만밭나루까지였다. 목계는 서울 용산에서 수운이 가능한 영월까지 거의 중간 지점에 위치하여 육지와 바다의 물산이 모일 수 있는 지점이다.
② 목계는 가흥의 인근에 있으며 배가 정박하기 좋은 조건을 갖추고 있다.
③ 한강을 항행하는 모든 배는 목계까지 운행할 수 있었다.

충주에서 하류 100㎞는 강폭이 넓고 수심이 깊고 잔잔하며, 충주에서 영월 사이 120㎞는 강안이 대체로 깊은 협곡을 이루고 여울이 많아 7~8월 장마철 등이 지난 후 고수위가 아니면 큰 배가 항행하기 힘들다. 충주서 영월까지는 대체로 소선이 통행하였다.

충주에서 달천을 이용하는 뱃길은 금천(지금 가금면 창동리)에서 괴진(槐津)까지 36㎞는 50석을 싣는 소선이 다녔다. 한강을 이용하는 배는 대선(길이 50척 이상, 폭 10척 3촌 이상, 250석 적재), 중선(길이 46척 이상, 폭 9척 이상, 200석 적재), 소선(길이 41척 이상, 폭 8척 이상, 130석 적재)이 있는데, 선박이 단독으로 항행할 수 있는 구간은 원주의 홍호나루(흥원창)까지이며 여기서 충주까지는 3척 이상, 그 상류로는 5척 이상이 선단을 조직해 함께 여울을 헤치고 뱃골을 파내면서 거슬러 올라갔다.

목계는 한강 수운을 통해 하항으로 발전하였기 때문에 근대적 철도와 자동차가 발달하면서 필연적으로 쇠퇴할 수밖에 없었다. 1900년대 일제강점기가 시작되면서 목계는 쇠퇴할 조짐이 일어났다.

① 조선시대 목계가 중심이 되었던 목계-용산 간의 뱃길은 1913년 '내국통신주식회사'에서 8척의 선박으로 용산에서 충주의 탄금대 구간으로 화물수송을 개시하면서 용산서 충주까지 종착점이 목계가 아닌 탄금대로

바뀌었다. 이는 화물 운송보다는 관광이라는 새로운 시도가 아니었을까 한다.

② 1900년대 충주를 중심으로 육상교통이 발달한다. 육상교통의 발달은 도로와 철도, 자동차 운행이 좌우한다.

한강 수로의 소금 교역은 경기만 일대의 소금 생산과 밀접한 관계가 있었다. 한강 수로에 의한 소금 교역권은 충북선, 안성선, 수여선 등의 부설과 신작로가 개설된 후 내륙의 주민들은 강변의 갯벌장까지 장거리 여행을 하지 않고도 값싼 소금을 사들일 수 있게 되어 남한강 소금값은 더욱 하락하여 1948년 소금 배의 통행이 완전히 중단되었다.

남한강 유역의 최대포구 목계에는 선창에 석축을 쌓고 느티나무와 버드나무를 심어 배를 묶어두었다.

하안의 단구위에는 상점, 여각(旅閣), 객주 등이 있는 시장과 배후의 산 밑에는 주택이 분포하였다. 목계는 1925년과 1972년 대홍수 때 피해를 보아 옛 흔적이 거의 사라졌다.

이후 한강 유역에 건설된 댐 등도 이전 뱃길 운행에 많은 문제를 야기했을 것으로 추정된다.

하지만 현재도 충주가 충주댐과 중앙탑 앞의 국제조정경기장 등 강을 통해 관광 활성화를 모색하는 것은 어찌 보면 필연적 숙명과도 같다고 생각된다.

일제강점기까지만 해도 목계나루엔 인천항에서 소금, 건어물, 젓갈류, 생활필수품 등을 싣고 온 황포돛배가 수십 척씩 붐볐다고 한다.

이런 물건들은 내륙 지방인 충청도와 강원도, 그리고 백두대간 너머 경상도의 문경과 상주 각지로 팔려나갔고, 당시 뱃일하는 인부만도 500여 명이나 되었다 하니, 나루와 이어진 목계장터는 언제나 시끌벅적했을 것이다.

충북선이 생기기 얼마 전까지가 목계나루의 마지막 호황기라고 할 수 있을 것이다. 하지만 이곳에서 일하는 많은 사람은 기차가 들어오면 본인들의 일이 줄어들 것이라는 것을 소문의 소문을 통해 잘 알고 있었다.

이곳 목계나루의 번창함은 이중환의 『택리지』에서도 살펴볼 수 있는데, "목계는 동해의 생선과 영남 산간지방의 화물이 집산되며, 주민들은 모두 장사를 하여 부자가 된다"라고 하였다.

서울에서 소금배나 짐배가 들어오면 아무 때나 장이 섰고, 장이 섰다 하면 사흘에서 이레씩이었다고 한다. 그처럼 번성했던 목계장터는 1920년 후반 서울에서 충주 간 충북선 열차 개통으로 남한강의 수송 기능이 완전히 끊어지면서 규모가 크게 작아졌다.

1973년에 목계교가 놓이면서 목계나루의 나룻배도 사라져 목계장터는 쇠퇴의 길로 접어들었다.

이렇게 큰 장이 서고 돈을 벌 기회가 있는 곳에는 힘 좋고, 부지런한 사람들이 많이 모여들었을 것이다. 나는 기회가 된다면 그 중 '막흐래기 여울'에서 '끌패'로 일했던 사람들에 대해서 글을 써보고 싶다는 충동을 많이 받는다.

그 내용은 잠시 후 설명하기로 하고 다시 목계나루에 대하여 조금 더 설명하고자 한다.

옛날 내륙의 삼대 하항이라면 경기도 양평, 여주, 그리고 충주 목계를 지칭했다. 그중 대형 선박이 출입할 수 있는 종착항으로 목계나루가 가장 중심을 이루고 있었다고 한다.

옛날 충청북도는 물론 경상북도나 강원도 일부까지도 한양에 가려면 충주 지방을 거쳐야 했는데 말이나 당나귀 등을 이용한다는 것은 보통 사람들은 어렵고 대부분이 목계에 와서 배를 타고 갔던 것이다.

사람뿐만 아니라 내륙과 경인 지방과의 교역도 이곳을 중심으로 이루어졌다. 따라서 이곳을 출입하던 배들은 지금 우리가 보는 나룻배와는 비교할 수 없을 정도로 큰 배였다.

서울 쪽으로 가는 배는 강 가운데를 운행하고 목계 쪽으로 오는 배는 강가를 통행하게 되어 있어서 많은 배가 규칙적으로 운행되어 장관이었다고 한다.

그런데 큰 문제는 가끔 부딪치는 '여울(다른 해류가 서로 만나거나 혹은 해류와 바람의 상호 작용 때문에 또는 불규칙한 기저 위에서 급속하게 흐르는 수류에 의해서 형성되는 물의 난류와동)'이었는데, 여울을 잘못 운행하다가는 큰 사고가 나게 마련이었다.

그중 '막흐래기(충주의 지역 이름. 막흐르기라고도 하며 양촌 남쪽에 있는 여울. 바닥에 바위가 많고 물살이 센 곳)' 마을 앞의 '막희라기 여울'이 가장 물살이 세기로 유명했다.

여울마다 '끌패'라고 해서 배를 끌어 넘겨주고 임금을 받아먹고 사는 사람들이 있었는데 이곳 막흐래기 여울에 있는 끌패들이 제일 많고 벌이도 제일 잘됐다고 한다.

'막흐래기'란 뜻은 한자로 말 '막' 자, 기쁠 '희' 자, 즐거울 '락' 자를 써서 '莫喜樂(막희락)'인데 글자대로 풀이한다면 '희희낙락하지 말라'라는 뜻이 된다.

그러니까 '이 여울이 너무도 세서 어려운 장소이니 희희낙락하다가는 큰일 난다'라는 말이다. 그래서 옛날 목계항의 '도선별장'은 막흐래기 나루의 사고가 안 나도록 하는 데 항시 힘을 기울였다고 한다.

이런 내용이 조선 후기 실학자 다산(茶山) 정약용(丁若鏞)의 『여유당전서(與猶堂全書)』에도 나올 정도로 막흐래기 여울은 유명했던 곳으로 보이며 그 내용은 다음과 같다.

막흐래기는 목계나루에서 1.6㎞ 아래의 여우섬을 휘돌아 여우로 물살이 세어 배들이 자주 뒤집혔다. 때문에 막흐래기에는 삯을 받고 여울을 무사히 건네주는 도선부 격인 '끌패'가 있었고, 사고 방지를 위한 관리인 '도선별장'도 배치되었다.

'물이 막 흐른다', '희희낙락하다 큰일 난다'라는 뜻으로 '막희락탄(莫喜樂灘)'으로 불리기도 했다.

1 물류 경제의 중심지 가흥항(중원문화역사인물기록화)
2 김홍도 그림(한강을 다니는 나룻배)

너에게 들려주는 우리 이야기

목계나루

목계나루

1	**1** 목계나루 인근 전경(강배체험관 동영상 자료)
2	**2** 목계나루 장(강배체험관 사진 자료)
3	**3** 1943년 목계나루 뗏목(엄정초 졸업앨범 자료)

다산 정약용은 소형 고기잡이배로 충주를 찾아가면서 이곳 여울과 목계의 모습을 그의 문집에 남겼다.

"막희라는 이름의 여울이 있어 이곳을 향해 가기가 어렵구려. 수양버들 늘어진 두 갈래 내 어귀에 한 동산이 목계를 가로질렀네."

1 탄금대 선착장에 정박 중인 배(강배체험관 동영상 자료)
2 막흐레기 여울(강배체험관 동영상 자료)

이런 위험한 곳에 많은 배가 안전하게 여울을 지날 수 있도록 도와주던 직업 끌패. 그 기록은 없지만, 이들로 인해 많은 배가 목계나루라는 도착지 또는 출발지에서 긴 여정의 시작과 끝을 함께한 사람들이었을 것이다.

앞의 달천강 이야기와 이번 목계나루 이야기 중 현재 댐으로 사계절 많은 물이 고여 있는 강에서는 볼 수 없는 것이 있다.

내가 초등학교 때 충주 조정지댐(보조댐)이 생기기 전의 달천강변은 자갈밭이었다. 초등학교 때 탄금대 다음으로 많이 소풍 가던 곳이 이 달천강변의 자갈밭이었다.

이곳에서 가장 기억에 남는 것은 그 넓은 강바닥에서 학년별로 보물찾기 놀이를 했던 것인데, 선생님들이 강자갈 아래 학년별로 색깔이 다른 쪽지를 숨겨놓았다. 보물찾기 놀이가 시작되면 아이들이 모두 그 자갈밭으로 뛰어나와 그 많은 자갈을 다 헤집으며 보물쪽지를 찾던 기억이 아직도 난다.

하지만 지금의 달천강변에서 이런 모습은 상상하기 힘든

풍경이 되었다. 이 자갈밭 위에 모래 개흙층이 다져지고 다져져 이제 그 옛날 자갈밭을 아는 사람도 점점 사라지고 있다.

목계나루 인근 강변에 많은 돌이 있었던 것을 지금도 목계의 수석 가게들을 통해 짐작해볼 수 있다. 또 지금도 능암 온천 쪽의 강변에 가면 아주 넓은 강자갈이 깔린 것을 볼 수 있다.

아마 이런 추억의 한 단면으로 인해 토박이와 새로 이사 온 사람들이 충주 인근의 강을 보는 다양성에서 많은 차이가 있지 않을까 한다. 또한 기존 토박이들이 추억 속에서 꺼내 놓아야 할 이 지역만의 이야기도 이런 것들이 아닐까 싶다.

현재도 목계에 다수의 수석 가게가 영업하고 있지만, 수석이란 시장 역시 목계의 퇴행처럼 예전 같지 않다. 예전에는 달천강, 목계 인근 등 충주 일원에 수석을 찾아다니던 직업인들도 많았지만, 지금은 그 수요와 소비층도 점점 사라지고 있다.

인터넷 등에서는 아직도 꽤 고가에 거래되는 수석의 사례가 확인은 되지만 실제 그 시장이 얼마나 될지는 모르는 일이다.

앞의 내용 중 넓은 강을 여유롭게 노를 저으며 가는 풍경은 목계나루에서 서울 쪽으로 물살과 바람을 이용해 가는 항해 길일 것이다. 서울에서 다시 충주로 오는 길은 고행이며 엄청난 노동력을 요구했을 것이다.

이는 같은 거리의 두 지역을 항해하는 시간을 통해서도 알 수 있는데, 서울로 내려갈 때는 여름철 12~15시간이 걸렸고, 다시 목계로 올라올 때는 5일~2주일이 걸렸다는 것을 통해 목계로의 항해가 쉽지 않았을 것을 짐작하게 한다.

이런 단편적 경험을 해본 기억이 있는데, 어려서 달천강에서 '얼음 배'를 타고 놀던 기억이 있다. 2월 중순쯤 추운 겨울이 지나고 봄으로 가는 그쯤 겨울 동안 두꺼워진 달천강의 얼음이 녹으면서 아이들은 얼음을 크게 조각내 배로 만들어 그것을 타고 유유히 달천강을 노 저어 간다.

그중 고학년 아이들은 다시 돌아는 길에도 조각난 얼음을 강 가생이(가장자리)에서 노 저어 거꾸로 올라오고는 했다. 그때는 온 힘을 다하다 못해 소리를 지르며 마지막 힘을 불태운다.

그만큼 물을 거슬러 올라간다는 것은 어렵고 힘든 일이었다. 작은 얼음 배도 이러한데 짐을 싣고 다니는 배는 어떠했을까.

특히 여울을 만나면 이곳을 넘어가는 것은 많은 힘이 필요했을 것이다. 그나마 다행인 것은 이 강 아래에 반질반질

1	
2	3

1 목계나루 인근 자갈밭의 모습
2 목계 수석 가게 모습
3 인터넷 판매 수석 사례

한 자갈들이 깔려 있어 배 바닥과 돌의 마찰이 마치 자전거의 회전 부분에 쇠구슬이 있어 부드럽게 바퀴가 도는 것과 같은 역할을 했을 것으로 추측해본다.

3.

목계별신제(牧溪別神祭)와
물의 도시 충주(忠州)

내가 목계별신제를 직접 본 것이 언제쯤인지 정확하지는 않다. 대략 2014년쯤이 아닌가 기억한다.

그때 다양한 프로그램 중 맨발로 작두 위를 걷는 별신굿 무당이 오래 기억에 남았다. 이전에 안성시 '남사당공연장'에서 외줄타기 등을 재미있게 본 경험과 당진시 '기지시줄다리기축제'에서 비슷한 프로그램을 본 경험도 있지만, 시퍼런 칼 작두와 작두 계단을 아찔하게 걷는 것은 처음 경험했다.

보는 사람들 모두 "오!", "어머!", "와!" 등 함성을 지르고, 한발 한발 지날 때 숨죽이는 모습이 아직도 생생하다.

상업 포구인 목계 장시의 확대는 새로운 장시 문화의 형성으로 이어졌다. 목계의 장시는 교역의 장소였을 뿐만 아니라, 삶의 터전으로서 소식과 정보 교환 또는 사교나 오락 등을 영위할 수 있는 공간이었다.

상인이든 지역민이든 이곳에 모여 세상 돌아가는 소식을 접하면서 엉킨 감정을 풀었고, 함께 어울려 잔치를 벌이거나 공동의 놀이를 통해 결속을 다지면서 잠시나마 단조로운 일상에서 벗어났다.

주색잡기와 음주가무가 더해지지 않을 수 없었기에 투전, 골패 등의 도박은 물론 상업적 성격이 강한 유흥의 공간이 속속 마련되었을 것이다.

그리고 이들의 연희에 상업적인 이윤추구를 목적으로 한 부상이나 객주들의 후원이 이루어짐으로써 장시의 활성화는 물론 유흥 문화의 발달을 가져왔을 것이다.

장시의 한쪽에서는 씨름, 줄다리기, 윷놀이, 보부상놀이 등이 펼쳐졌다. 또한 기녀들의 노랫가락이 끊이지 않았다. 봉건사회의 분화에 따라 토지를 잃고 유랑하며 걸식하는 이들이 집단을 이루어 광대짓을 하는 사당패(寺黨牌)나 걸립

패(乞粒牌)도 목계 장시의 유흥을 돋우는 데 일익을 담당하였다.

이렇게 자급자족적인 소농 경영체제를 기반으로 했던 봉건사회에 있어 목계 장시의 새로운 변화는 당대 사람들의 삶의 질을 바꾸어놓았다. 특히 유흥 문화의 발달은 경제적인 성장과 함께 민중 의식의 성장을 보여주었으며, 나아가 새롭고 다양한 민속 문화를 창출하기에 충분했을 것이다.

즉, 한국식 자본주의의 모습을 경험하기에 부족함이 없었으며, 부자가 될 수 있는 희망이 함께했던 장소적 의미도 있지 않았을까 생각해본다.

우리나라의 서낭신은 무당들이 낱가릿대, 즉 화간(禾竿)에 지전(紙錢: 긴 종이를 둥글둥글하게 잇대어서 돈 모양으로 만들어 무당이 비손할 때 쓰는 물건)을 달아 서낭신으로 받드는 일도 있지만, 민간에서는 마을 어귀나 고갯마루에 있는 큰 나무 또는 원추형으로 쌓아놓은 돌무더기, 그리고 당집에 위패나 그림을 신체로 모시는 것이 일반적이다.

또 개인적으로 치성을 드리는 일도 있지만, 주민들이 매년 일정한 시기에 집단으로 동제를 지내는 것이 보편적이다.

옛날 목계나루 부둣가 벼랑에 있던 서낭당은 서낭신의 위패를 모셔놓은 당집이었다. 그리고 주민들이 매년 정기적으로 주민의 안녕과 마을의 번영을 기원하는 서낭제를 지냈다. 그러나 목계의 서낭제는 다른 서낭제처럼 유교식으로 동제를 지내는 것이 아니라 무당이 별신제로 지낸 것이 특징이다. 이때 '별신'이란 뜻은 다음과 같다.

① 광명을 뜻하는 옛말 '붉'에 '신'을 합성했다는 설이 있다.
② 평야 지대의 야신(野神), 즉 벌판의 '벌신'에서 유래했다는 설이 있다.
③ 배를 담당하는 선신(船神), 즉 '뱃신'에서 유래했다는 설이 있다.

우리나라 옛 민속에 여러 곳의 시장과 도회지에서 봄·여름에 일정한 날을 정하여(3일 또는 5일) 서낭굿을 하였다.

사람들이 모여 밤낮으로 술을 마시고 도박을 해도 관청에서 이를 금하지 않았으니, 이를 '별신(別神: 동해안 일부와 충남 은산에서 전해지는 복합적인 형식의 부락제. 유교식으로 제관이 축문을 읽은 뒤, 무당이 나와 굿을 함)'이라 하였다. 이는 '특별한 굿'을 줄인 말이다.

'특별한 굿'은 무당이 제사하는 큰 규모의 마을굿을 뜻한다. 그리하여 오늘날 무당이 제사하는 큰 규모의 마을굿을 모두 별신제라 하니, 강원 고성과 경북 양산의 '동해안별신제(東海岸別神祭)', 경남 거제의 '남해안별신제(南海岸別神祭)', 충남 부여의 '은산별신제(恩山別神祭)' 등이 바로 그 예이다.

그런데 목계별신제는 오늘날 전승되지 않는 옛날의 민속이다. 또 근원 설화가 없어 언제 어떤 연유로 지내게 되었는지 그 유래는 알 수 없다.

가흥창 북쪽 샛길에 가흥진(可興津: 가흥나루)이 있었지만, 선박의 정박은 가능하였으나 수심이 얕아 세곡을 선적하기 어려워 목계나루를 자주 이용하였다.

그리하여 충주목에서는 가흥나루나 가흥대로인 하담진(荷潭津: 하담나루)보다 이 목계나루를 중시하여 진선(津船: 나루와 나루 사이를 오가며 사람이나 짐 따위를 실어나르는 작은 배)을 두고 또 진부(津夫: 고려·조선시대에 관아에 속한 나룻배의 사공)에게는 부역을 면제하는 특혜를 주었다. 그리하여 목계에는 저자는 없었지만, 상담(商談: 상업상의 거래를 위하여 가지는 대화나 협의)을 주관하는 도가(都家: 동업자들이 모여서 계나 장사에 대해 의논을 하는 집)가 있었고, 가흥처럼 닷새만큼 서는 정해진 장날은 없었어도 물길이 좋아 오가는 배가 많으면 한 달에 대여섯 번 나루터에 장이 서고 주막마다 흥청거렸다.

그러나 물길이 나쁘면 달포가 넘도록 비린 자반 구경하기가 힘들 정도로 물길은 주민의 생활과 목계의 경기를 좌우하는 젖줄과도 같았다.

목계 하류에는 강바닥이 험하고 물살이 사나운 막희락탄(莫喜樂灘) 고유수탄(固有愁灘)이 있어 서울을 오가는 뱃사람들은 이를 항상 두려워하고 뱃길 안전을 근심하였다.

그리하여 목계의 나루터 뱃사람들은 하담 강가 두담(斗潭: 두무소)에 있는 용바위에서 개인적으로 용신제를 지냈으나, 한강을 오가는 뱃사람들은 목계 서낭당에서 배의 안전한 운행을 빌었는데 그것은 아마도 당집이 부둣가 벼랑에 있어 뱃사람들에게 용신당으로 인식 또는 이용되면서 합사되었을 가능성이 있다.

그것은 오늘날 부흥당의 용신이 바로 그 잔존으로 보이기 때문이다. 이러한 배경에서 목계별신제는 마을의 번영을 염원하는 주민들의 적극적 신앙으로 형성되고, 거기에 서울을 오가는 뱃사람들의 필수적 참여로 오랫동안 전승된 것으로 추측된다.

옛날 목계별신제의 형태는 경기가 좋았던 시기에는 매년 정월 5일 당골무당이 광대(廣大)와 악사(樂士)를 데리고 목계에 와서 3일간 광대놀이를 하여 구경꾼을 모아 돈을 걷고 9일에는 무당들이 아침부터 가가호호를 돌아다니며 축원을 해주고 돈과 곡식을 받아 제사 비용을 마련하는 모습이었다.

밤에는 도가(都家) 집에 음식을 차려놓고 소위 '안반(案盤) 굿(본굿으로 들어가기 전에 굿하는 자리와 집 둘레의 나쁜 기운을 쫓고 굿한다는 사실을 안당의 조상신과 성주신에게 아뢰는 일)'을 하는데, 이것이 전야제(前夜祭)의 성격을 지닌다.

그리고 제삿날인 10일 아침에 무당들이 서낭당에서 서낭신을 신장대에 영신(迎神: 제사 때 신을 맞아들임)하여 부둣가에 큰 나무를 세우고 떡·과일·술·밥을 차린 탁자 위에 신장대를 모셔놓고 여러 무당이 노래와 춤으로 신을 즐겁게 하는 별신굿을 며칠 동안 한 뒤 신장대를 서낭당으로 가지고 가서 송신(送神: 제사가 끝난 뒤에 신을 보내는 일)하였다.

이때 목계를 오가는 상인이나 뱃사람 그리고 다른 마을에서 구경 온 사람들이 복돈을 놓고 무당들에게 축원을 부탁하였다.

그러나 육로의 발달로 수로의 이용이 줄어 목계의 경기가 나빠지면서는 제사 비용의 염출이 어렵게 되자 서낭굿을 서낭당에서 하였는데, 그것도 규모가 점차 작아져 1930년 대동회에서 정월 9일 밤에 다른 마을처럼 유교식 동제를 지내기로 결의하여 별신제가 폐지되었다.

목계의 원주민들은 물론 이곳을 수시로 드나들던 상인들, 그리고 인근 지역의 외지인들까지 상행위와 관련 민속이 교류하는 장소였다.

지역의 수호신에게 마을의 안녕과 상권의 활성화를 기원하였고, 난장의 한복판에 남사당패를 불러놓고 대규모의 줄다리기를 했다.

특정한 지역과 시간에 국한해서 이처럼 다양한 민속 문화가 전승되었다는 사실에서 목계 지역에 대한 인식을 새롭게 할 만하다. 이 점이 오늘날 목계별신제를 다시 주목해야 하는 이유이다.

목계별신제는 보통 3~4년을 주기로 4월 초파일을 전후한

2~3일 동안 영신굿-오신굿-송신굿의 순으로 굿판을 벌였다.

지역의 동 회장을 중심으로, 충주 지역은 물론 전국 팔도의 무당들이 제의를 주관하였다. 무엇보다 팔도의 명무(名巫)들이 그들의 기예를 선보이면서 다양한 축원을 했기 때문에, 각지에서 구경꾼들이 몰렸다.

지역의 원주민들은 물론, 이곳을 수시로 드나들던 상인들이 중심이 되었다. 인근 지역의 외지인들까지 한데 어울려 흥청댈 수 있던 장소와 시간을 목계별신제가 제공했다.

충주 지역의 모든 무당이 별신제를 주관했다는 제보를 통해, 별신제의 규모가 어느 정도였는지를 짐작해볼 수 있다. 그런데 근대이행기와 일제강점기, 경제개발기로 이어지는 과정에서 원형의 별신제가 단절되었다.

이후 우륵문화제(于勒文化祭)의 부대행사 중 하나로 '한국국악협회 충주지부'의 주관에 의해 목계별신제가 시연되고 있다가 충주문화원과 목계별신제보존회에서 목계별신제를 충주 지역 전통 축제의 일환으로 재현하였다.

그런데 "목계별신제 고증의 골격을 살려서 고증과 가깝게

흡사하게 축소하여 흥미를 가미하여 재연하는 것이므로 고
증과 조금은 차이가 있음을 양지하시기 바란다"라며 원형의

1 충주 목계별신제 개막 모습(2014년, 충주시 제공)
2 목계별신제 중 무당이 맨발로 작두 위를 걷는 모습(충주시 제공)

목계별신제와 시연으로서의 목계별신제가 다른 양상임을
분명하게 밝히고 있다.

남한강 일대 강마을에서는 동제와 별도로 뱃고사를 지냈
다. 살미면 목벌리 등지에서 주기적으로 지냈다고 한다.

뱃고사는 정월 초하루부터 열나흘까지 배를 이용하는 마
을 사람들로부터 돈을 모아서 지낸다. 돈을 모으는 방법은
배에다 한지를 펴고 상을 가져다 놓으면 배를 탄 사람들이
성의껏 돈을 놓는다.

떡은 두 시루를 해서 한 시루는 서낭으로 가져가 정성을
올린다. 집으로 돌아와 나머지 한 시루를 배로 가지고 가서
굿을 한다. 이때 무당은 작은 소리로 징을 친다.

그리고 들리지 않을 정도로 작은 소리로 축원을 하고, 사
공은 배에 절을 한다. 또 사공은 집에서 쌀을 가져와 세 주먹
을 강물에 던진 다음 한지에 쌀을 넣어서 배 안에 흰 실로 묶
어놓는다.

이처럼 뱃고사의 기원성은 목계별신제의 의례성(儀禮: 행
사를 치르는 일정한 법식. 정하여진 방식에 따라 치르는 행사)에 영향
을 미쳤다.

이처럼 목계별신제는 기원의례 중심의 무속형 대동제였다. 장시 활성의 의례성을 통해 상업 축제를 보인 것이다. 별신제의 주도 세력은 상권을 가진 상인층이었으나, 점차 반농반상 지역민 누구에게나 참여가 확대되었다.

신격의 정체는 여성신이 중심이고 용신, 산신이 함께 좌정하였다. 목계별신제에 부수하여 기줄다리기와 남사당패 놀음, 제머리마빡치기 등 각종 민속놀이가 연행되었다. 난장이 서 각종 볼거리가 많았고 각종 뒤풀이 놀이가 성행하였다.

신경림의 시 「목계장터」 등을 이용한 거리문화예술제도 주기적으로 개최된다. 충주 옛 문화 소개에 목계가 빠진다면 '물'의 민속 정체성을 어디서 찾을 것인가.

충주를 내륙의 수운(水運) 중심 물의 도시 이미지로 강화하는 것은 이곳 목계가 처음 시작일 것이다.

그날의 영광을 위해 이 동네 시인 신경림의 시 「목계장터」의 추억을 되살린다면, 중원 문화예술의 중심지로의 확장성은 무궁무진할 것이다.

하늘은 날더러 구름이 되라 하고,

땅은 날더러 바람이 되라 하네.

청룡 흑룡 흩어져 비 개인 나루,

잡초나 일깨우는 잔바람이 되라 하네.

뱃길이라 서울 사흘 목계나루에….

시는 가난하고 힘없는 사람들의 삶을 진실한 언어로 그려
냈다. 이곳에서 살고 그 추억이 있는 사람만 읊조릴 수 있는
시가 아닌가.

구름처럼 바람처럼 왔으니 구름이 되어 바람이 되어 돌아
가야겠다.

이번 글을 쓰면서 2017년 남한강 뱃길의 시발점이었던
충주 목계나루를 배경으로 처녀 뱃사공 '달래'와 독립군 '정
욱'의 가슴 아픈 사랑을 그린 '목계나루 아가씨'가 뮤지컬로
만들어진 것과 지역의 국회의원과 충주시 등 지자체에서도
충주의 강과 문화예술 및 관광 활성화를 연결하려는 많은 노
력을 확인할 수 있었다.

이런 정서가 있다는 것은 아직 충주를 흐르고 있는 강에
대한 가치를 잘 알고 있기 때문이라 생각된다.

나루터로 들어오는 배의 모습(강배체험관 제공)

목계나루(강배체험관) 안에서 본 안내 문구 중 충주와 '물'
에 대해 함축적이지만 긴 여정을 잘 담아놓은 글이 있다.

충주가 새로운 '물'의 도시로 발전하기를 바라는 마음을
담아 이것을 마무리 글로 함께하고자 한다.

충주는 '물'의 고장이다.

청정한 아리수는 역사에 우뚝한 중원문화를 빚어냈다.

충주고구려비, 중앙탑, 탄금대, 수안보온천, 능암온천 등

국토를 가르는 유일한 물길.

'크고 넓고 긴 물'이란 고려 말 '아리수'.

그 물길의 중심이 충주요, 그 정점이 목계다.

태백 검룡소에서 서해까지

남한강 수로를 따라 벌어졌던 시대와 삶의 투쟁사.

화려했던 강마을 목계의 근대사는

수향(水鄉)의 도시 충주를 탄생시켰으며

남한강 물길이 포구의 아름다운 역사를 상징하는 이야기로 남

았다.

참고문헌

○ 두산백과 구비문학(Oral literature, 口碑文學)

○ 김경수, 「조선시대의 천안과 천안삼거리」,『중앙시론』, 2009,
   pp. 39~82

○ 김성열,『역사 칼럼 물을 깨끗하게 하는 능수버들 나무』, 충남
   타임즈 2014. 2. 10. 제51호

○ 민병달, 이원표,『천안의 민담과 설화』, 천안문화원, 1998, 新
   增東國輿地勝覽, 천안시지 편찬위원회, 1987

○ 한국학중앙연구원,『한국 구비문학 대계』, 한국정신문화연구
   원, 1979

○ 상명대학교 구비문학 연구회 편,『천안의 구비문학』, 천안문화
   원, 1994

○ 천안삼거리 설화 정형화된 것 없다,『충청타임즈』, 2011. 12.
   26.

○ 김성열, 『홍타령과 새로운 명소』, 문화칼럼 2014. 4. 14. 제
124호

○ 조도영, 『(동화) 능소의 사랑 이야기』, 가문비출판사, 2019

○ 조홍윤, 마이데 세린 츠, 『한·터 전설에 나타난 애욕의 금기와
그에 대한 전승의식 비교 연구 -한국의 「달래강」 전설과 터키
의 「신부바위(Gelin Kayas)」 전설을 중심으로-』, 겨레어문학 제
63집(2019. 12.) 겨레어문학회, pp. 137~158

○ 이창식, 『목계별신제의 문화재 지정방안과 문제점』

○ 김경열, 『목계의 정신과 문화』, 목계향우회, 2002

○ 김영진, 『한국 자연 신앙연구』, 청주대 인문과학연구소, 1985

○ 김현길, 『중원의 역사와 문화유적』, 청지사, 1984

○ 류덕균, 「목계지역의 민속고」, 『중원어문학』 권1, 건국대 인문
과학대학 국어국문학회, 1985

○ 문화재관리국, 『한국 민속종합조사 보고서』 「충청북도편」,
1978

○ 이창식, 「남한강 유역 별신제의 분포와 의미」, 『지역문화연구』
1집, 지역문화연구소, 2002

○ 이창식, 「남한강 유역의 민속과 신앙」, 『한강 유역사 연구』, 전
국향토사협의회, 2000

○ 이창식, 「충북 무형문화재의 현황과 지역문화」, 『지역문화연
구』 3, 지역문화연구소, 2004

○ 이창식, 「충북문화의 정체성과 중원문화권의 충주민속」, 『중원

문화논총』 5집, 충북대 중원문화연구소, 2001

○ 이창식, 「충북지역의 민속 특성과 문화권 모색」, 『충북학』 2집, 충북학연구소, 2000

○ 충주문화원, 이창식 편, 「충주의 향토사 - 목계별신제 편」, 2004

○ 김영진, 『목계별신제(牧溪別神祭)』

○ 최일성, 『역사적으로 본 가흥과 목계』

○ 최일성, 『덕흥창과 경원창 고찰』, 충주공업전문대학 논문집 제 25집, 1991, pp. 92~93

○ 한국향토사연구전국협의회, 『한강유역사연구』, 1999, pp. 106~107

○ 목계나루 홈페이지 http://www.mknaru.com/